森林フィールドサイエンス

全国大学演習林協議会［編］

朝倉書店

まえがき

　21世紀は，環境の世紀といわれ，その基本思想としては，循環型社会へのシフトが重要とされている．その循環型社会の基本原理は，自然生態系であり，ほぼ完全な自然生態系としての森林生態系の循環系である．この森林生態系を学ぶフィールドとして，「森林フィールド」があり，森林の教育研究を行っている全国の大学に，この「森林フィールド」である「演習林」が設置されている．

　最近，これらの全国の大学演習林は，統合，改組などにより，フィールドサイエンスの研究教育の組織主体として，全学的な教育を重点的に行うようになってきている．しかし，演習林の独自的な分野である「森林フィールドサイエンス」が，体系的な教育内容として，十分，認知され，確立しているとは言い難い状況である．そこで，大学演習林で行われるフィールドサイエンスの体系的な教科書の必要性を感じ，全国大学演習林での利用を目的とした本書を企画した．しかし，単なる実習書，演習書ではなく，「サイエンス」としての学術的内容を基本とした．主に農学部の学部学生を対象としているが，全学的な森林フィールドの利用に対しても対応できるものと考えている．また，最近，演習林は市民等の一般利用もふえており，公開講座，研修等での利用も視野に入れることとした．さらに，演習林の大学院には，農学部森林関係以外の理系から文系まで幅広い学部学生が数多く入学してくるようになっており，森林フィールドサイエンスの基礎的な教育にも利用できるものと思っている．

　本書の構成は，まず，第1章で「森林フィールドサイエンス」の全体像について理解し，第2章で「フィールド調査」を始める前に資料や情報を収集し，第3章では「フィールド調査」の目的を達成するために，どのような「調査方法」を選択すべきかを検討して，第4章では，調査で得られたデータをどのように解析するかの具体的な方法を示し，第5章では，これらの森林フィールドで起こっている現象の総合的な理解のための背景を示しており，「森林フィールドサイエンス」について調査・研究の一連の流れを作っている．さらに，資料編として，各大学演習林で行われている特色のある「フィールドサイエンス」の概要を掲載している．

　具体的には，第1章では，「森林フィールドサイエンス」の意義，分析科学との相違や調査研究の特性，方法論，実際の研究手法を示し，森林フィールドで起こる具体的な現象から研究課題を例示し，演習問題も示して，全体像の理解を容易にしている．第2章では，調査対象の「森林フィールド」の履歴，環境に関する既存の資料を解説し，入手方法も示して，「フィールド調査」の事前に得られる情報を収集することによって，調査計画等に有効に利用できることを示している．第3章では，フィールド

まえがき

調査項目に対応した調査方法を解説し，実際の調査にあたって必要な基礎的知識，データの整理方法等を示している．第4章では，フィールド調査によって得られたデータを解析して，フィールドにおける現象を理解し，結論を導くための解析方法を示している．とくに，ここでは，調査課題について，最新の森林フィールド研究事例に基づいた具体的なデータ解析を示し，解析方法を実例によって理解できるようにしている．第5章では，調査研究課題がその背景として，森林-人間相互作用系にあることを示し，森林フィールドに起こる現象を総合的に理解することによって，より深く森林フィールドの調査研究が進展することを示している．

さらには，森林フィールドを用いた今後の教育の参考となるよう，具体的な演習林で行われている多様なフィールド教育の実例を示している．また，全国大学演習林の紹介には，『森へゆこう』（丸善ブックス 039，1996 年発行）があり，参考にされたい．

以上のように本書は構成されており，広範囲にわたる調査項目，データ解析などが網羅されているので，調査の詳細にわたる作業方法などについては専門書を参照していただきたい．また，本書の構成の一連の流れとして，それぞれの調査分野に関連する問題が，第1～5章で説明されているので，その関連の事項を参照するようにしていただきたい．

本書は，平成15年度の全国大学演習林協議会秋季総会において承認された編集出版委員会において企画編集されたものであり，とくに，執筆者については，演習林で実際に教育研究に携わっている先生方にお願いし，森林フィールドの生きた姿を描き出していただいた．本書によって森林フィールドサイエンスを学ぶ多くの方々が，さらに深く森林を理解され，教育研究が進展することを切に希望している．

最後に，本書の企画・刊行にあたって，朝倉書店編集部の方々には，原稿のとりまとめから綿密な校正まで，多大のご協力とご支援をいただきました．ここに，厚く感謝申し上げます．

2006 年 3 月

小 川　　滋

全国大学演習林協議会「森林フィールドサイエンス」編集出版委員会

小 川　　滋（委員長：第1章，第5章担当）
笹　賀一郎（第2章担当）
丹 下　　健（第3章担当）
中 島　　皇（第4章担当）
井 上　　晋（第4章担当）

編　　集
全国大学演習林協議会「森林フィールドサイエンス」編集出版委員会

執　筆　者

*小　川　　　滋	九州大学名誉教授/福岡工業大学社会環境学部・教授
柴　田　英　昭	北海道大学北方生物圏フィールド科学センター・助教授
本　間　航　介	新潟大学附属フィールド科学教育研究センター・助教授
山　本　信　次	岩手大学農学部附属寒冷フィールドサイエンス教育研究センター・助教授
*笹　賀　一　郎	北海道大学北方生物圏フィールド科学センター・教授
山　本　博　一	東京大学大学院農学生命科学研究科附属演習林・教授
小　野　寺　弘　道	山形大学農学部附属演習林・教授
佐　藤　冬　樹	北海道大学北方生物圏フィールド科学センター・教授
池　上　佳　志	北海道大学北方生物圏フィールド科学センター・助手
加　藤　正　人	信州大学農学部附属アルプス圏フィールド科学教育研究センター・教授
*丹　下　　　健	東京大学大学院農学生命科学研究科附属演習林・教授
大　槻　恭　一	九州大学大学院農学研究院森林生態圏管理学講座・教授
八　木　久　義	東京大学名誉教授
清　和　研　二	東北大学大学院農学研究科資源生物科学専攻・教授
小　金　澤　正　昭	宇都宮大学農学部附属演習林・教授
柴　田　叡　弌	名古屋大学大学院生命農学研究科附属演習林・教授
馬　田　英　隆	鹿児島大学農学部附属演習林・教授
蔵　治　光　一　郎	東京大学大学院農学生命科学研究科附属演習林・講師
徳　地　直　子	京都大学フィールド科学教育研究センター・助教授
神　沼　公　三　郎	北海道大学北方生物圏フィールド科学センター・教授
*中　島　　　皇	京都大学フィールド科学教育研究センター・講師
佐　野　淳　之	鳥取大学農学部フィールドサイエンスセンター・助教授
高　原　　　光	京都府立大学農学部附属演習林・教授
箕　口　秀　夫	新潟大学自然科学系・助教授
高　柳　　　敦	京都大学大学院農学研究科森林科学専攻・講師
安　藤　　　信	京都大学フィールド科学教育研究センター・助教授
芝　野　博　文	東京大学大学院農学生命科学研究科附属演習林・助教授
髙　木　正　博	宮崎大学農学部附属自然共生フィールド科学教育研究センター・助教授
熊　谷　朝　臣	九州大学大学院農学研究院森林生態圏管理学講座・助教授
飯　田　　　繁	九州大学大学院農学研究院森林生態圏管理学講座
田　中　和　博	京都府立大学大学院農学研究科森林計画学研究室・教授
木　平　勇　吉	日本大学生物資源科学部森林資源科学科・教授
酒　井　秀　夫	東京大学大学院農学生命科学研究科附属演習林・教授

執 筆 者

宮本 義憲	東京大学大学院農学生命科学研究科附属演習林・助手
植村　滋	北海道大学北方生物圏フィールド科学センター・助教授
船越 三朗	前 北海道大学北方生物圏フィールド科学センター・助手
古賀 信也	九州大学大学院農学研究院森林生態圏管理学講座・助教授
*井上　晋	九州大学大学院農学研究院森林生態圏管理学講座・助教授
竹内 典之	京都大学フィールド科学教育研究センター・教授
井倉 洋二	鹿児島大学農学部附属演習林・助教授

（執筆順，＊は編集委員）

目　　次

1. 森林フィールドサイエンスとは何か ……………………………………………1

　1.1　はじめに―実験科学との違い― ……………………………（小川　滋）… 1
　　　a. フィールドサイエンス ……………………………………………………1
　　　b. なぜ森林フィールドなのか ………………………………………………2
　　　c. 森林フィールドサイエンスで，何を，どのように学ぶか ……………4
　1.2　研究課題の例示 ……………………………………………………………5
　　　a. 森林環境の実態と相互作用 ………………………………（小川　滋）… 5
　　　b. 外部環境変化に対する生態系の応答（酸性沈着に対する森林の中和能力）
　　　 ………………………………………………………………（柴田英昭）… 8
　　　c. 森林生態系の維持機構 ……………………………………（本間航介）… 12
　　　d. 森林の環境保全機能 ………………………………………（小川　滋）… 17
　　　e. 森林と人間の関係性についての研究課題―山村の過疎化（村落調査）・
　　　　 森林環境教育― ……………………………………………（山本信次）… 21

2. フィールド調査をはじめる前の情報収集 ……………………………………25

　　　は じ め に ……………………………………………………（笹 賀一郎）… 25
　2.1　フィールドの履歴 …………………………………………（山本博一）… 25
　2.2　フィールドの環境 ……………………………………………………………27
　　　a. アメダス ……………………………………………………（小野寺弘道）… 27
　　　b. 温量指数 ……………………………………………………（小野寺弘道）… 29
　　　c. 地形図 ………………………………………………………（佐藤冬樹）… 31
　　　d. 地質図 ………………………………………………………（佐藤冬樹）… 35
　　　e. 土壌図 ………………………………………………………（佐藤冬樹）… 37
　　　f. 植生図 ………………………………………………………（池上佳志）… 41
　　　g. リモートセンシング ………………………………………（加藤正人）… 44

3. フィールド調査における調査方法の選択 ……………………………………50

　　　は じ め に ……………………………………………………（丹下　健）… 50

- 3.1 気象 ……………………………………………（大槻恭一）… 50
  - a. 一般気象観測 …………………………………… 50
  - b. 微気象観測 ……………………………………… 52
- 3.2 森林土壌 …………………………………（八木久義・丹下　健）… 54
  - a. 土壌生成過程と立地環境 ……………………… 54
  - b. 土壌断面調査 …………………………………… 54
  - c. 土壌の化学性 …………………………………… 57
  - d. 土壌の物理性 …………………………………… 58
  - e. 土壌侵食 ………………………………………… 59
- 3.3 植物 ………………………………………………（清和研二）… 60
  - a. 森林の構造と動態 ……………………………… 60
  - b. 種子生産量の推定と実生の消長 ……………… 64
  - c. 繁殖過程を解き明かす分子生態学的解析 …… 65
- 3.4 野生動物―特に中大型哺乳類を中心に― …………（小金澤正昭）… 67
  - a. 中大型哺乳類の動物相 ………………………… 67
  - b. 中大型哺乳類の生息密度 ……………………… 67
  - c. 中大型哺乳類の行動追跡 ……………………… 69
- 3.5 森林昆虫 …………………………………………（柴田叡弌）… 70
  - a. 森林昆虫の分類 ………………………………… 70
  - b. 昆虫調査法 ……………………………………… 71
- 3.6 森林病害 …………………………………………（柴田叡弌）… 73
  - a. 病害の種類と病原体 …………………………… 73
  - b. マツ材線虫病 …………………………………… 73
- 3.7 微生物 ……………………………………………（馬田英隆）… 74
  - a. 生態調査 ………………………………………… 74
  - b. 樹病学的調査 …………………………………… 75
  - c. 植物栄養 ………………………………………… 76
- 3.8 バイオマス ………………………………………（丹下　健）… 77
  - a. 破壊的調査方法 ………………………………… 78
  - b. 準非破壊的調査方法 …………………………… 79
  - c. 非破壊的調査方法 ……………………………… 79
- 3.9 水文 ………………………………………………（蔵治光一郎）… 80
  - a. 森林の水収支を観測するための方法 ………… 80
  - b. 森林の水源涵養機能評価のための方法 ……… 83
- 3.10 物質循環 …………………………………………（徳地直子）… 84
  - a. 森林生態系の物質循環 ………………………… 84
  - b. 森林生態系の物質収支とその測定方法 ……… 84
- 3.11 社会・経済 ………………………………………（神沼公三郎）… 88

a.	理論的研究と実証的研究	88
b.	調査の目的	88
c.	研究上の課題意識	88
d.	社会科学における調査	89
e.	データの整理と解析，そして回答者への事後対応	90

4. フィールドサイエンスのためのデータ解析 ……91

はじめに ……………………………………………………(中島　皇)… 91

- 4.1 植生遷移・更新動態 …… 91
  - a. 植生遷移と更新動態の解析 ……………(佐野淳之)… 91
  - b. 古生態学的手法 ……………………………(高原　光)… 95
- 4.2 動物生態 …… 99
  - a. 林分構造が野ネズミの行動圏とその選好性に与える影響…(箕口秀夫)… 99
  - b. 大型哺乳類による森林被害の評価 ……………(高柳　敦)… 101
- 4.3 森林の成長 ……………………………………(安藤　信)… 103
  - a. 天然林の成長 …… 104
  - b. 人工林の成長 …… 104
- 4.4 森林水文 …………………………………………(芝野博文)… 108
  - a. 水収支と森林水文現象のプロセス …… 108
  - b. 水流出とハイドログラフ …… 109
  - c. 基底流出と滞留時間 …… 110
  - d. 樹冠遮断と蒸発散 …… 110
- 4.5 物質循環 …………………………………………(髙木正博)… 111
  - a. コンパートメントモデル …… 111
  - b. 表示単位 …… 112
  - c. データの代表性 …… 112
  - d. 解析の例 …… 113
- 4.6 土壌侵食・土砂流出 …………………………(中島　皇)… 113
  - a. 侵食営力 …… 113
  - b. 土壌・土砂移動 …… 114
  - c. 侵食量 …… 115
  - d. 流出物 …… 117
- 4.7 熱収支 ……………………………………………(熊谷朝臣)… 120
  - a. 熱収支式 …… 120
  - b. 顕熱・潜熱輸送 …… 121
  - c. 等温純放射 …… 122
- 4.8 昆虫 ………………………………………………(柴田叡弌)… 123

a. 個体数推定 ……………………………………………………………… 123
　　　b. 糞粒からの個体数調査と被害調査 …………………………………… 125
　　　c. 病害 …………………………………………………………………… 126
　4.9 農山村社会経済の動向と森林資源 ……………………………（飯田　繁）… 128
　　　a. 社会と森林 …………………………………………………………… 128
　　　b. 日本人の木材消費量 ………………………………………………… 128
　　　c. 生活様式と森林 ……………………………………………………… 129
　　　d. 様々な基礎資料 ……………………………………………………… 131
　　　e. 時代を斬る調査の必要性 …………………………………………… 132

5. 森林−人間相互作用系フィールド（森林生態圏）管理 …………………… 133

　5.1 森林計画における森林保全管理の考え方―持続可能な森林経営への模索―
　　　　…………………………………………………………（田中和博）… 133
　　　a. 日本の森林の現状 …………………………………………………… 133
　　　b. 法正林思想から照査法へ―持続可能な森林経営への模索― ……… 135
　　　c. 新たなる森林管理 …………………………………………………… 138
　　　d. 日本の里山問題 ……………………………………………………… 139
　　　e. 自然のシステムと人間のシステム ………………………………… 140
　5.2 森林モザイク―自然と人間との共同作品― …………………（木平勇吉）… 141
　　　a. 森林モザイク入門 …………………………………………………… 142
　　　b. 森林モザイク図の作成演習 ………………………………………… 144
　　　c. 対象地の現地調査 …………………………………………………… 147
　　　d. 森林モザイクの考察 ………………………………………………… 147
　5.3 流域生態圏管理 …………………………………………………（小川　滋）… 149
　　　a. 日本における森林管理と開発 ……………………………………… 149
　　　b. 流域生態圏管理システム …………………………………………… 150

資料編：森林エコシステムの管理計画〔特色ある演習林実験・実習〕………… 154

　1. 東京大学北海道演習林：天然林施業実験林における伐採木の選木実習
　　　　……………………………………………………（酒井秀夫・宮本義憲）… 154
　2. 野外シンポジウム―森をしらべる（北海道大学）………………（植村　滋）… 155
　3. 北海道大学における「集中型一般教育演習」…………………（船越三朗）… 156
　4. 九州大学農学部附属演習林：「フィールド科学研究入門」
　　　　………………………………（大槻恭一・古賀信也・井上　晋・小川　滋）… 157
　5. 京都大学フィールド科学教育研究センター北海道研究林：研究林実習Ⅲ
　　　（夏の北海道）と研究林実習Ⅳ（冬の北海道）………………（竹内典之）… 158

6. 京都大学フィールド科学教育研究センター芦生研究林：暖地性積雪地域
   における冬の自然環境（全学向け実習）………………………（中島　皇）… 156
7. 鳥取大学FSC教育研究林：「蒜山の森」での冬山実習 ………（佐野淳之）… 160
8. 鹿児島大学演習林：共通教育科目「森林基礎講座」―フィールドを利用した
   大学の導入教育プログラム― ………………………………（井倉洋二）… 161
9. 信州大学構内演習林：生物保健機能実習 ……………………（加藤正人）… 162

索　　引……………………………………………………………………………… 165

1. 森林フィールドサイエンスとは何か

1.1 はじめに―実験科学との違い―

a. フィールドサイエンス

フィールドサイエンスは，通常「自然と人間を取り巻く場（フィールド）について，個別の諸要素を統合的に扱うことを目指して，生きたシステムの法則性を理解し，諸現象を総合的に把握しようとするものである」（文部省「国立大学における農場・演習林等のあり方に関する調査研究協力者会議」，1999年）とされている．これに対して，対象を構成要素に細かく還元し，分析する方法によって現象を解明する自然科学，とりわけ実験科学は，18世紀半ばからの産業革命以降，驚異的な科学技術の進展に寄与してきた．この背景には，17世紀以降のヨーロッパにおける「科学革命」において，自然と人間との対峙の構図の中で，「自然の法則を明らかにして，自然を支配する人間」という思想的な展開が行われたといわれる（例えば文献1）．しかし，特に20世紀の科学技術の発展によって噴出した「地球環境」問題，つまりは「人間生存環境の危機的様相」に有効に対処できない「実験科学」への批判的な命題として，総合的・総体的な「フィールド研究」への視点の転換が必要とされてきている．つまり，フィールド研究は，「自然現象の複雑さ」に有効に対処できない「実験科学」に対する素朴な疑問，あるいは批判的見解としてきわめて重要である．

川喜田（1967）は，「野外的自然が扱うのは，ありのままの自然であり，そこでは，ほとんど数えきれないくらいの複雑な自然の要素がからみあっている．それは，分析的研究をするには適しない対象であり，きわめて複合的な性格をもっている」，また，「野外科学は，フィールドサイエンスという言葉が適切で，「場の科学」，あるいは「現場の科学」だといっていい」と説明している[2]．「ありのままの自然」とは，広義としての「自然」，つまり「物質のあらゆる運動形態，あるいはそのあらわれ」であり，人間も自然の一部であるという「（全）自然」を対象とすることが，「ありのままの自然」と考えられ，対象とする現象は自然現象，社会現象を同時に含めることとなり，自然現象，社会現象が複合された「フィールド」の科学がフィールドサイエンスと考えられる．

自然現象の細分化されたサブシステム，社会現象の細分化されたサブシステム，そして，その相互作用がトータルシステムとして複合されたシステムの場が「フィールド」である．

これらの自然現象，社会現象には法則性（その本質として）があり，法則として人間が認識し，具体的な理論として人間がその法則を意識的に適用し，人間生活に有効

に利用するのが技術・実践である．ここで，技術・実践のトータルなシステムを考えるとき，最も困難な問題は，自然科学と社会科学の本質的な差異である．

自然科学，特に実験科学は，対象を構成要素に細かく還元・分析し，その一つ一つの挙動特性を明らかにする方法をとる．それによって認識される法則，その具体化された「理論」の実証性，再現性，具体性が明確になる．それに対して，社会科学は，現実の人間社会の「場」で「実験的」に「理論」を繰り返して検証することができない．つまり，不可逆的な実践としてのみ有効である．このことは，現実の社会現象と自然現象が複合された「場」の理解に対する自然科学的認識と社会科学的認識との本質的な差異である．

この認識方法，理解構造の差異を，交流し，共通的にするという点で「フィールド」が重要な役割を果たす．自然的現象，社会的現象，そしてその相互作用のもとに「フィールド」が動いていることに注目する必要がある．つまり，「フィールド」においては，個別的な事象（例えば，要素還元的手法によって理解された事象）が，総合的な自然的現象として現れており，さらに，社会的な事象との相互作用によって「フィールド」での現象が存在することを，総合的に理解する「場」なのである．

この統一的理解のためには，自然現象，社会現象の独自的作用，そしてそれらの強い相互作用，弱い相互作用，中立的作用として生起する複合現象を理解する必要がある．またさらに，例えば，自然生態系における食物連鎖，つまり，持続的な殺し合いによって生態系のトータルバランスが保たれるといった二律背反命題，あるいは個別矛盾的命題の総合としての現象理解もまた，フィールドサイエンスの方法によって統一的に理解される．つまり，自然現象のパラドックス，あるいは個別矛盾的命題の総合としての現象理解は，きわめて弁証法的方法によって統一的に理解されるというフィールドサイエンスの最も重要な認識方法がある．

ここで，「サイエンス」と「科学」について，村上（1986）が以下のように述べている[3]．

「科学」という日本語—これは在来から存在したいわゆる「漢語」の一つではない．"science" に対する訳語として日本で定着したものである—自体が，その日本での運命を象徴している．もともと "science" には，「科」の「学問」という意味は全くない．その独語訳である "Wissenschaft" がよく示しているように「知識」という意味しかないのである．

この理解のもとに，ここでは，科学をサイエンス（知識）という意味で用いて，「フィールドサイエンス」を用いることにする．

b. なぜ森林フィールドなのか

フィールドサイエンスは，実際に起こっているフィールドでの現象を対象とするわけであるが，特に「森林フィールド」を対象とすることの意味はどこにあるのであろうか．これについては，次の4つの意味があると考えられる．

① 森林生態系は，ほぼ完全な「自然生態系」である．
② 現在をもとに，時間軸を拡大できる（過去にさかのぼる，未来を予測する）．

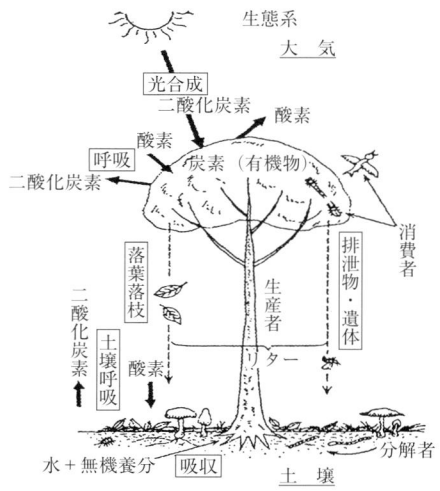

図 1.1　森林生態系の模式図（文献 4 に加筆）

③ 時間的，空間的な一般性と変動特性がある（地理的特性，年変動特性，年々変動特性）．
④ 自然と人間との相互作用が最もよく現れている（自然科学と社会科学との共通場）．

まず第 1 に，森林生態系は，図 1.1 に示すように自然循環系の中で成立しており，物質循環を行っている．この物質循環の基本は，光合成であり，それによって生産される物質が循環して森林生態系を維持している．この光合成では，物質循環の基礎となるだけではなく，光合成に伴う蒸散作用により，水循環，熱循環も同時に行われている．これらの水・熱・物質循環は，図 1.2 に示すように，相互に関係しており，生物圏における連続体として全体を把握することができる．このように，生物圏の基本である物質循環，水循環，熱循環が自然生態系の中で行われており，自然フィールドの最も典型的な循環系を対象とすることができる．

第 2 に，森林は，大型の長期にわたって生育する樹木集団から成り立っており，過去の履歴を記録しており，また同時に，異なる時間を有する生物集団でもあるので，

生物圏における，水（イタリック），炭素（下線），放射（通常フォント）とエネルギー（太字）の収支についての相互関係の図式的表現

図 1.2　生物圏における連続性[5]

時間軸を過去にさかのぼることができ，未来を予測することもできる．

第3に，森林の成立には，地理的な環境要因に規定され，また，森林群落のタイプも規定されている．さらには，環境要因の年々変動にも影響を受ける．したがって，地理的スケールでの地域性を反映していると同時に，時間的な年変動も反映している．

第4には，森林は，人間の歴史においては，人間活動の資源獲得の場であり，最も人間の生産活動と密接に関わった場である．また，資源，エネルギー，あるいは，食料生産の転換によって，森林域への人間の影響も大きく変化する．したがって，森林域の変動は，人間活動の変動の歴史ともいうことができ，人間活動との相互作用を直接に反映している場であるということができる．

以上のように，森林フィールドは，自然生態系の対象として，地理的な環境要因の時間的・空間的な特性を有し，その時間軸の歴史性と予測性をもち，人間活動との相互作用の最も密接なフィールドということができる．したがって，フィールドサイエンスの対象としてすべての要因が総合的に現れている最も適したフィールドということができる．

c. 森林フィールドサイエンスで，何を，どのように学ぶか

「森林フィールドサイエンス」で学ぶ意義・目的は，結論的にいうと「現場で実際に体験して考えて，みんなと考えて，また，体験して，考える」ということである．さらにいえば，「何を，どう学ぶか」は，自分にあるということである．今までの与えられた知識ではなく，「自分が新しく創造した知識として，身につける」，その方法と実践を行うのである．「森林フィールドサイエンス」では，「正解のない問題」に自分で「解答」を創造するというところに，最大の目的がある．この点が，今までの勉学の方法，あるいは他の教育科目と大きな「落差」がある．例えば，受験勉強との違いでいえば，問題集には，解答がつけてあり，「わからなければ解答をみればいい」，あるいは，「教師が解答を教える」という勉学の方法とは全く異なることになる（その具体的な教育プログラムは，資料編に例示されている）．

「森林フィールドサイエンス」で与えられるテーマは，基本的に，「野外講義・実験・実習」として，位置づけられている．

しかし，実際には，「見えども，見えず，聞こえども，聞こえず」，のように，「意識」して見たり，聞いたりしないとわからないものであり，また，一部だけでなく全体を見る必要もある．つまり，物事は，「見かた，考え方」によって，大きく異なるものである．また，本当に自分で証明できる知識かどうか疑わしいものもある．これらの点については，いくつかの，例をあげよう．

① 実態と見えているものは異なる（ものの本質）
「○に見えて，△に見えるものは何か」：立体像は，見る角度によって形が異なる
「森林は，赤い」：人間の目には，反射した可視光の色が見える
② 本当の知識とは何か（生きた知識）
「地球が丸いことを証明せよ」：自分で証明できることは何か

③ 全体は，要素の集合ではない（還元不能の性質）
「水とその元素（水素・酸素）の違いは何か」
「全体は，部分の集合ではない」
④「生きる」ことは，「殺す」ことである（個別矛盾の統合）

これらについては，この「森林フィールドサイエンス」を学ぶうちに，固定観念的な「知識」から自分で納得する「知識」を得るための柔軟な考え方のおもしろさがわかった上で，また，問題として考えてもらいたい．

以上のように，サイエンス（知識）への興味を刺激し，自然を学ぶ自分の目的意識を明確にし，自分なりの解答を得ることが，森林フィールドサイエンスを学ぶ目的であるといえる．

(小川　滋)

引用文献

1) 伊藤俊太郎，広重　徹，村上陽一郎 (2002)：思想史のなかの科学，366 pp，平凡社．
2) 川喜田二郎 (1967)：発想法，220 pp，中央公論新社．
3) 村上陽一郎 (1986)：近代科学を超えて，227 pp，講談社学術文庫．
4) 四手井綱英 (1990)：森の生態学，261 pp，講談社ブルーバックス．
5) Campbell, G. S. and Norman, J. M. (1998)：生物環境物理学の基礎 第2版（久米　篤，熊谷朝臣，大槻恭一，小川　滋監訳），315 pp，森北出版．

1.2　研究課題の例示

a.　森林環境の実態と相互作用

森林生態系は，生物主体と，非生物的環境，ならびに生物的環境との相互作用系であり，そこにはエネルギーの流れと物質の動きがある．森林生態系は，地球上で比較的完全に近い典型的な自然生態系であり，その系の水・エネルギー循環，物質循環を通じて生物生存環境を持続している系である．森林と環境との相互作用としては，非生物的環境が森林に働きかける「環境作用」，森林が非生物的環境を維持したり，変えたり，新しくつくったりする「環境形成作用」，ならびに生物的環境，つまり樹木とその周りの生物との「生物相互作用」がある．これらの森林生態系の相互作用によって，複雑な森林環境がつくり出されている．ここでは，それぞれの作用に関係する要因を説明し，森林環境の実態を整理する方法を例示する．

ⅰ）環境作用　　植物は，光合成によって生育する．光合成には，炭酸ガス，水，日射が用いられ，これらは植物帯を取り巻く非生物的環境であり，この環境に規定されて生育しているといえる．この環境条件と植物タイプがどのような関係があるかを分類することにより，自然植生の基本的な分布を知ることができる．炭酸ガスは，地理的には，平均的に一定であると考えられるから，主要な要因は，水と日射である．また，水と日射は，日射による水の蒸発という関係があり，その量と相対的な割合も重要である．地球上でマクロにみた場合，地球的規模（地理的条件）での水と日射の条件によって，自然状態の植生タイプ（森林，草原，砂漠など）を考えることができる．つまり，もともと自然的な環境条件のもとで，森林が成立するか，また，その森林帯は，どのような種類の森林なのかという問題に対しては，この環境作用によって

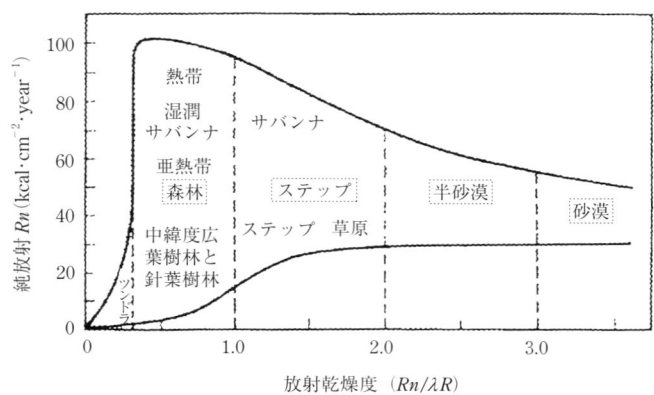

図 1.3 放射乾燥度と植生地理帯[1]

規定されているといえる．

例として，ブディコ（1973）による地理的条件による植生地理帯を図1.3に示す．図1.3に示すように，植生タイプは，太陽エネルギーとしての純放射量（Rn：短波放射量と長波放射量）とその地域の水分特性としての乾燥や湿潤の程度（放射乾湿度）とによって決まる．放射乾燥度は，水分蒸発に使用される純放射量と，そこに降った雨量（R）を蒸発するために必要な熱量（λR；λ：水の気化潜熱）との比（$Rn/\lambda R$：放射乾燥度）で表す．森林はこの比が1.0以下の最も湿潤な条件で成立し，多くの水分を必要とする．日本では，瀬戸内の小雨気候でも，放射乾燥度は0.8程度であり，森林成立の湿潤域にあり，自然状態では森林が成立する条件にある．また，図1.3に示されているように，森林・植生のタイプは熱量によっても分類されている．日本では，放射乾燥度からみて森林成立の湿潤域にあるので，水平的（緯度）な熱量の分布，あるいは垂直的（高度）な熱量の分布によって，森林・植生の基本的なタイプが規定されていることがわかる．

また，植物が生育するには，一定の温度が必要であるとの考えから，吉良（1949）は，暖かさの指数（warmth index；WI，温量指数とも呼ばれる）と植物帯，特に湿潤域の森林帯とを対応させた[2]．暖かさの指数は，植物生育の限界温度として5℃とおいて，5℃以上の月の平均気温から5℃を差し引いた1年間の温度積算値，すなわち，$\Sigma(t-5)$（t：5℃以上の月平均気温）である（2.2b項を参照）．

日本は，上で述べたように，湿潤域にあり，熱量の分布は，暖かさの指数と対応しており，日本の森林帯をこの暖かさの指数で整理することができる．

ii）環境形成作用　環境作用に規定される森林がその反作用として環境を形成する相互作用が環境形成作用である．環境に規定されて成立する森林が，森林を持続する環境をつくり出しているという環境に対する作用・反作用の関係として考えることができる．森林土壌は，生物活動による生物遺体と母岩の風化作用という非生物的活動との総合によって生み出されている（1.2b項，および2.2e項を参照）．このような，生物的活動と非生物的な活動によって生じる森林環境は，気温の緩和，高湿度，

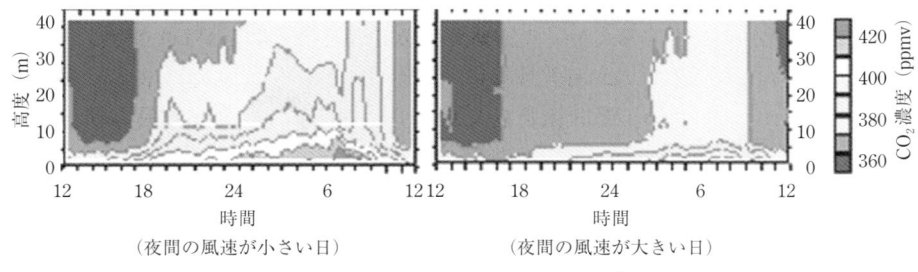

図 1.4 二酸化炭素濃度の日変化[3]

風速の緩和などの特徴をもつ森林気象を形成したり，植物群落の遷移の環境を形成したりする．

ここでは，森林は，炭素を固定しているかあるいは放出しているかという物質生産問題に関係する森林と二酸化炭素濃度との関係について環境形成作用の例を述べる．森林と二酸化炭素濃度の関係は，光合成による吸収と呼吸による排出によって変化し，森林内の二酸化炭素濃度環境を形成している．マレーシア熱帯林（平均樹高 40 m）における二酸化炭素濃度の日変化を観測した例を図 1.4 に示す．二酸化炭素濃度は，日中は，光合成による吸収によって低濃度となり，夜間は，土壌呼吸で放出，森林内に貯留されて高濃度となり，これを日中に吸収するという変化が示されている．また，夜間の二酸化炭素濃度が樹冠上の大気の状態によって異なることを示している．このような濃度変化の日変化，年変化を観測することによって，森林における炭素収支を求めることができる．

また，森林生態系は，その環境との相互作用によって環境維持しており，その機構については，1.2 b 項で説明されている．

iii）生物相互作用　ある生物に対して，他の生物が環境として働くのが生物相互作用である．種内や種間の競争的，協同的，あるいは中立的な作用である．種内での競争的，協同的，あるいは影響を与えない中立的な作用によって，相互の関係が形成されており，これらを調査することによって，その生物の存在，生育のプロセスを理解できる．

例えば，森林を人工的に管理する問題では，種内の競争的相互作用として，密度効果があげられる．生物生産量が一定と考えられる環境条件下では，生育密度と平均個体重は，反比例の関係が考えられる．また，この関係によって，生育の段階において，自己調節したり，あるいは共倒れなどの現象が生じたりする．これらの関係を林木生産目的の森林管理に応用して，最大の林木生産物を得るための管理計画を策定できる（4.3 b 項を参照）．

以上述べたように，森林生態系では，環境によって森林が形成され，森林が環境を形成し，森林の中の生物どうしの相互作用によって，複雑な森林環境が持続，展開されている．この森林環境の基盤は，森林-土壌-水の相互のシステムである．森林は，太陽熱による蒸散によって地圏から大気圏への水循環を行うとともに，光合成によっ

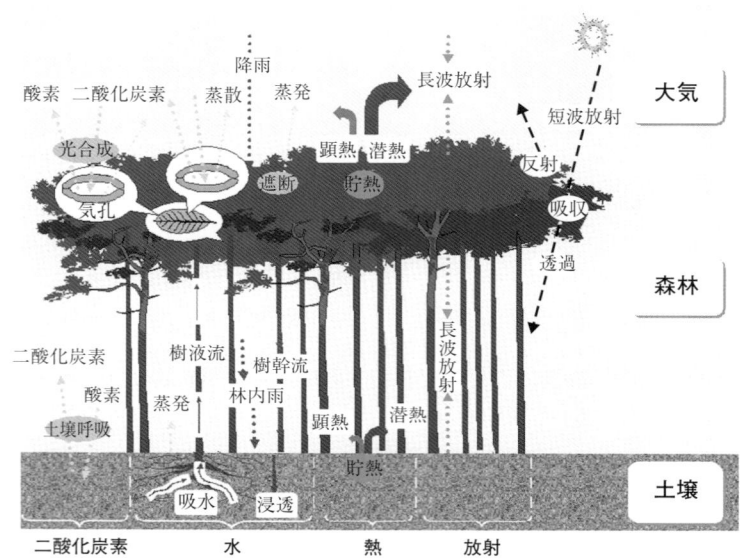

図 1.5 大気-森林-土壌における水・熱・物質の動態

て物質の生産を行い，生物界の物質循環に関与している．図 1.5 に，森林環境を形成している水・放射・熱・物質について，森林と大気および土壌との間における動態を示す．それぞれのプロセスによって，複雑な森林環境が形成されているといえる．これらのプロセスとその相互関係の基本的な理解のもとに，個別的な関係，個別的なプロセスの研究を進めることが，フィールド調査・研究には必須であるといえる．

（小川　滋）

演習問題

福岡の放射乾燥度（無次元値）を以下のデータから求めよ（単位を考慮して計算する）．
純放射量 (Rn)：2747.8（$MJ \cdot m^{-2} \cdot year^{-1}$），降水量 ($R$)：1673（$mm \cdot year^{-1}$）（いずれも 1991～2000 年の平均値），蒸発潜熱 (λ)：2.45（$MJ \cdot kg^{-1}$），水の密度 (ρ)：1000（$kg \cdot m^{-3}$）

引 用 文 献

1) エム・イ・ブディコ（1973）：気候と生命（下）（内嶋善兵衛，岩切　敏訳），488 pp，東京大学出版会．
2) 吉良竜夫（1949）：日本の森林帯，42 pp，日本林業技術協会．
3) 斎藤　琢（2005）：ボルネオ熱帯林における炭素収支の定量的評価に関する研究．九州大学博士論文，77 pp．

b. 外部環境変化に対する生態系の応答（酸性沈着に対する森林の中和能力）

人間活動に伴う化石燃料の燃焼や化学肥料の過利用などによって大気が汚染され，その結果として大気から様々な汚染物質が森林に沈着することが知られている．過剰な大気沈着（atmospheric deposition）は森林植生，土壌，水を富栄養化させたり，酸性化（acidification）させたりすることが懸念されている．森林生態系への酸性沈着（acidic deposition）の影響や，生態系の中和能力などに関する研究は北西ヨーロッパ

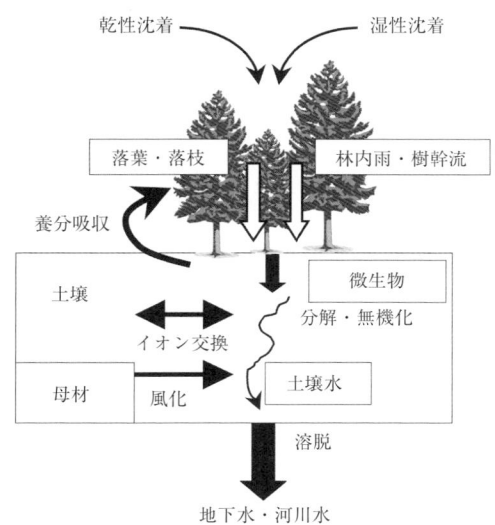

図 1.6　大気–森林–河川をめぐる主な物質の流れ

や北東アメリカを中心として，主に 1980 〜 1990 年代に行われ，数々の優れた研究成果が報告されている．しかしながら，北東アジアを中心として今後の産業発展に伴う大気汚染が予測されているものの，これらの地域における森林生態系をめぐる酸性沈着の研究はいまだ発展途上の段階にあるといえる．アジア大陸に対して冬季における季節風の風下に位置する日本列島においても，今後の大気汚染，酸性沈着の変動に対する生態系の応答に関する知見は依然として十分であるとはいえない．本項では，大気からの酸性沈着に対する森林生態系の応答に関して，フィールドサイエンスの手法を用いてどのように明らかにすることができるのかを例示する．また，図 1.6 に示すような大気–森林–河川系をめぐる生物地球化学プロセス（biogeochemical process）に関連した研究を中心に述べる．

ⅰ）酸性沈着に対する森林植生・土壌の酸中和機能　　工業や農業活動の影響によって大気に排出された硫黄酸化物や窒素酸化物は，降水に溶解する過程でその pH を低下させる．低 pH の降水は森林の葉や土壌からミネラル成分を溶脱するばかりでなく，土壌酸性化を引き起こし，その結果として生物にとって有害なアルミニウムイオン（Al^{3+}）の溶解をもたらす危険性がある．その一方で，森林生態系にはそのような酸性沈着を中和する能力をもっていることも知られており，外部環境の変化を緩衝する機能があるといわれている．

図 1.7 は北海道苫小牧市近郊の落葉広葉樹林で，降水によってもたらされた水素イオン（H^+）が森林の林冠（canopy）を通過した際にどのように変化するのかを調べた例である．降水の pH はたとえ非汚染状態でも大気中の二酸化炭素を含んでいるために pH 5.6 程度の微酸性を示すが，この森林の降水は年平均 4.1 程度までの酸性化が認められている．森林にもたらされた降水は，林内雨（throughfall）と樹幹流（stem flow）に分配される（図 1.6）．林内雨は葉や枝をつたって流下するものであり，樹幹

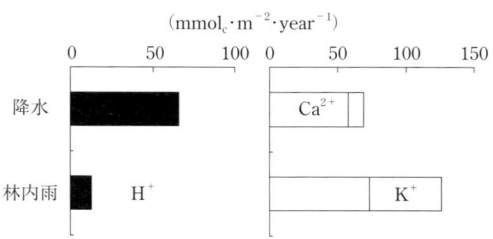

図 1.7 北海道苫小牧市近郊の落葉広葉樹林における降水,林内雨に含まれる水素(H^+),カルシウム(Ca^{2+}),カリウム(K^+)イオン量(文献1より作図)

流は幹をつたって根元に流下するものである.ここでは,林内雨に含まれる H^+ は降水による流入量よりも明らかに小さい値を示しており,それに伴って林冠からはカリウムイオン(K^+)やカルシウムイオン(Ca^{2+})などの陽イオンが放出されていた(図1.7).このことは,樹木の葉面において降水に含まれる H^+ と葉内に存在するカリウムやカルシウムなどのイオンとが交換していることを示しており,林冠における森林の酸中和メカニズムの1つといえる.この過程で植物体から失われたカリウムやカルシウム成分は,土壌からの養分吸収によって補填されている(図1.6).そのため,大気からの酸沈着が非常に多く,葉からの溶出が土壌からの養分吸収による補填を上回る速度で進行した場合には,植生体内の養分バランスが崩れ,負のインパクトが与えられるであろう.したがって,林冠面での pH やイオン濃度変化のみに着目するばかりではなく,植生-土壌をめぐる物質循環の変化について調べることも重要である(3.8節,4.5節参照).また,林内雨や樹幹流などの森林内での降水は,このような樹木の酸中和によって pH が上昇するばかりではなく,逆に pH が低下する場合もある.全国の大学演習林におけるスギ人工林(13林分)での林内雨・樹幹流の一斉調査では,スギの樹幹流 pH が 4.2 ± 0.6 程度と強酸性であり,幹に付着した大気汚染由来の硫酸イオンの影響と幹内部から溶出した有機酸の影響をそれぞれ強く受けていることが明らかとなっている[2].

　土壌は岩石が気候や生物の影響によって風化生成したものであり,その表面には負荷電を有していることが多い.その負荷電には土壌母材(parent material)の化学的性質に応じて Ca^{2+} やマグネシウムイオン(Mg^{2+})などが交換態陽イオン(exchangeable cations)として吸着されている.これらの陽イオンは土壌内における酸中和機能にとって重要な役割を果たしており,そのメカニズムやプロセスを明らかにするためには土壌水の水質変化を調べなくてはならない.土壌内を流れる水の pH やイオン組成を調べるためには,土壌を採取してその抽出成分を分析したり,土壌内にライシメーターと呼ばれる機材を設置し,土壌水を直接採取し,分析したりする必要がある.

　酸性沈着に対する代表的な土壌の酸中和機能として,流入した H^+ と交換態陽イオンとのイオン交換反応があげられる.土壌に供給された H^+ が土壌表面の交換基に吸着されると同時に,カルシウムやマグネシウムなどの陽イオンが土壌水中に放出されるのである.このイオン交換によって失われたカルシウムやマグネシウムなどの陽イ

オンは，鉱物の化学的風化（chemical weathering）によって補填されるとともに，その化学的風化の反応自体も土壌水から H^+ を取り除く（pHを上昇させる）機能を果たしている．しかしながら，H^+ の供給速度が速く，イオン交換や化学的風化による酸中和が追いつかない場合は土壌pHが著しく低下し，生物に有害な Al^{3+} が溶出してしまう．そのため，土壌への酸供給速度と土壌の酸中和速度との量的な比較をすることが重要である．わが国における多くの森林土壌やその母材には，現時点での酸性沈着供給速度に対して，それを上回る酸中和速度を有していることが知られており，土壌酸性化による森林劣化については顕在化していない．しかしながら，今後のアジア大陸における大気汚染や長距離越境汚染が進行した場合，わが国の森林土壌の酸性化に及ぼす影響については予測不明な点が多く，現地でのプロセス研究やモデル研究などの発展が望まれている．

ⅱ）**窒素沈着増加による森林河川への窒素流出**　土壌を流れた水はやがて河川へ流出する（図1.6）．したがって，河川水質を調べることによって，その流域の生態系における物質循環の状態を推測することができる．実際に河川水の水質形成を明らかにするためには，大気沈着や流域生態系の物質循環のみならず，土壌や地形，気候などの影響によって変動する流域水文プロセスとの関係を調べることも重要である[3]．

戸田ら（2000）が全国の大学演習林における45カ所の森林河川水質を調べた結果では，pHはほぼ中性付近に分布しており，現時点で森林河川の酸性化は顕在化していないことを示していた[4]．しかしながら，関東地域の一部において河川水中の硝酸イオン（NO_3^-）濃度が著しく高く，それに伴って Ca^{2+} 濃度も上昇している地点が認められている[4,5]．大気汚染物質の1つである窒素化合物は，もともと森林植生や微生物にとっての養分元素であり，汚染の進んでいない森林生態系では河川へ流出する窒素成分は非常に少ないことが知られている．しかしながら，大気汚染が進むことで窒素沈着が増加し，その量が森林生態系の許容量を上回ると河川への窒素流出量も増加する．この状態は窒素飽和（nitrogen saturation）と呼ばれ，河川水や下流の陸水生態系を富栄養化させ，水質悪化を引き起こすことが懸念されている．また，硝酸態窒素イオンがカルシウムやマグネシウムなどの土壌からの溶脱を引き起こし，土壌が酸性化してしまうおそれもある．群馬県における森林生態系の窒素循環や河川水質の研究では，これらの地域がほぼ窒素飽和に達しており，NO_3^- や Ca^{2+} が多量に河川に溶脱している[6,7]．

生態系をめぐる水質変化や物質循環の観測を通じて，ここで述べたような外部環境の変化に対する生態系プロセスの応答や，その緩衝機能が次第に明らかとなってきた．これらの現象は時間的・空間的な変動が非常に大きいことから，拠点地域に根ざした長期的な調査や，複数地域をまたいだ比較研究などを行うことが重要であろう．

〔柴田　英昭〕

演習問題
酸性沈着に対する森林生態系の緩衝機能の具体的なメカニズムを述べよ．また，それらと生態系の物質循環との関係を述べよ．

引用文献

1) Shibata, H. and Sakuma, T. (1996):Canopy Modification of Precipitation Chemistry in Deciduous and Coniferous Forests Affected by Acidic Deposition. *Soil Sci. Plant Nutr.*, **42**:1-10.
2) Nakanishi, A., Shibata, H., Inokura, Y., Nakao, T., Toda, H., Satoh, F. and Sasa, K. (2001): Chemical characteristics in stem flow of Japanese cedar in Japan. *Water Air Soil Pollut.*, **130**:709-714.
3) 大手信人,柴田英昭,徳地直子,マイロン・J・ミッチェル,戸田浩人(2002):森林流域からのNO_3^-流出—流出の季節性から読み取れる情報—. 水利科学, **268**:40-53.
4) 戸田浩人ら(2000):全国大学演習林における渓流水質. 日林誌, **82**:308-312.
5) Shibata, H., Kuraji, K., Toda, H. and Sasa, K. (2001):Regional comparison of nitrogen export to Japanese forest streams. *TheScientificWorld*, **1**:572-580.
6) Ohrui, K. and Mitchell, M.J. (1997):Nitrogen saturation in Japanese forested watersheds. *Ecological Applications*, **7**:391-401.
7) Wakamatsu, T., Sato, K., Takahashi, A. and Shibata, H. (2001):Proton budget for a Japanese cedar forest ecosystem. *Water Air Soil Pollut.*, **130**:721-726.

参考文献

佐竹研一編(2000):酸性雨研究と環境試料分析—環境試料の採取・前処理・分析の実際—, 291 pp, 愛智出版.
菊澤喜八郎,甲山隆司編(2003):森の自然史—複雑系の生態学—, 236 pp, 北海道大学図書刊行会.
不破敬一郎,森田昌敏編著(2002):地球環境ハンドブック 第2版, 1129 pp, 朝倉書店.

c. 森林生態系の維持機構

　中学校や高校で習うケッペンの気候区分図に代表されるように,温度と降水の条件は,ある特定の組合わせのもとに特定の森林群集を発達させる.緯度の高い場所には針葉樹林(タイガ)が,中緯度帯には落葉広葉樹林やステップが,低緯度帯にはマングローブや熱帯林が成立することをわれわれは常識として知っている.しかし,こうした一見単純な植生分布パターンは,決して森林が単純で理解しやすい存在であることを暗示しているのではない.森林はさも昔から今と変わらない状態であったかのように存在し,動くこともないようにみえるからわれわれはその動態には無関心である.しかし,「森林はいかにしてつくられ,いかにして維持されているのか」を本気で調べ始めると,われわれはたちどころに森林の中に定常状態を維持し続けるものはおらず常にすべての動植物や環境因子が動き続けていることを知ることになる.森林生態系は膨大な種類の因子の相互作用による動的過程のもとに成り立っている.動的平衡という言葉は生態系の安定性を示す概念としてよく使われるが,細かく調べると平衡が成り立っている系のほうが少ないのではないかと思えてくるし,その中に偶然の所産としか思えないドラマチックな現象も多々存在するのである.森林科学の中で森林生態学といわれる分野は,こうした森林の成り立ちと動きの詳細を様々な時空間スケールで解き明かすために発達してきた学問である.ここでは,森林の成立過程やその維持メカニズムを調べるために,どのような視点で研究者達が森を眺めているのか概要を述べよう.

　i)森林群集の動態を調べる　森林の維持過程と一言でいっても,その包含するものは多岐にわたるので(後述),まずここでは最も直接的な樹木群集の動態を理解

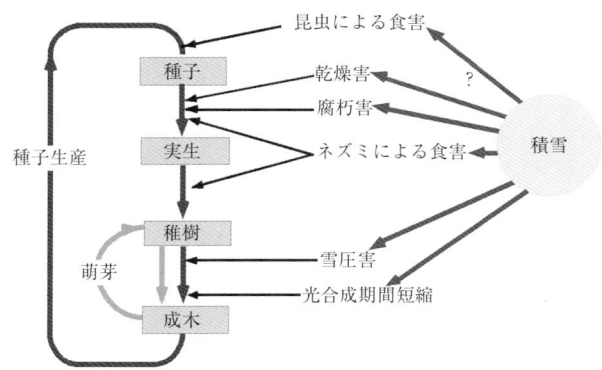

図1.8 ブナの生活史と，その中で生じる積雪による影響の模式図（文献1を改変）
ブナの生残に影響を及ぼす複数の因子がさらに積雪という環境因子によってコントロールされる構造になっている．

するには何を調べたらよいかという課題からみていこう．

　例えば，「○○地域のブナ林」という特定の群集動態を詳細に調べる場合には，まず植生調査によって対象森林の種多様性やバイオマス，構成比（優占度）などの一次データをとる．次に，森林群集を構成する主要な種（例えばブナや特定の低木，ササなど）をピックアップして，それぞれの種類が当該の森林内で生まれてから死ぬまでの過程を生活史に沿って個体群統計学という手法で調べ記載していく．樹木の一生の中には幾多の乗り越えるべき試練が待ち受けている．樹木の生残には，温度，水，光，栄養塩，土壌といった環境要因に加えて種子捕食性昆虫や食植性動物・花粉媒介者・種子散布者の行動特性，成長段階での種間競争，受粉の際の遺伝的和合性や花粉散布量など多種多様な生物的要因が関わっている．また，それぞれの因子の働きは時空間的に変動するとともに，他の因子と相互作用をもつことも多い（図1.8）．このため，ある時期に特定の因子がパルス的に強い影響を与えることもあれば，複数因子が同調して働くこともある．

　一方で，樹木側には進化の過程で培われた環境反応特性やストレス耐性，生体防御機構などがあり，与えられた状況になんとか対応しようとするのだが，実際には環境入力が樹木側の対応の幅を超えることも多く，その場合は樹木個体には死がもたらされる．実際に天然林で樹木の生存曲線をつくってみると，親が生産した種子の中で次世代の親になって種子の再生産を行うまで成長できるものは1000分の1から数十万分の1程度しかない（図1.9）．肉眼で見るとあまり動いていないかのように見える森林は，実はこうした絶え間ない生と死の結果としてでき上がっているのであり，「生物多様性」もこの動的過程の中で維持されている．森林群集の維持機構を解明するということは，この例でいえば，樹木の「生き死に」の過程をできるだけ克明に解析することで森林の存在を規定する可能性がある多数の因子をスクリーニングし，主要な因子の効き方を定量的に示していくことである．

ii）森林生態系の動態研究の広がり　　上述したように，森林群集の動態を調べる

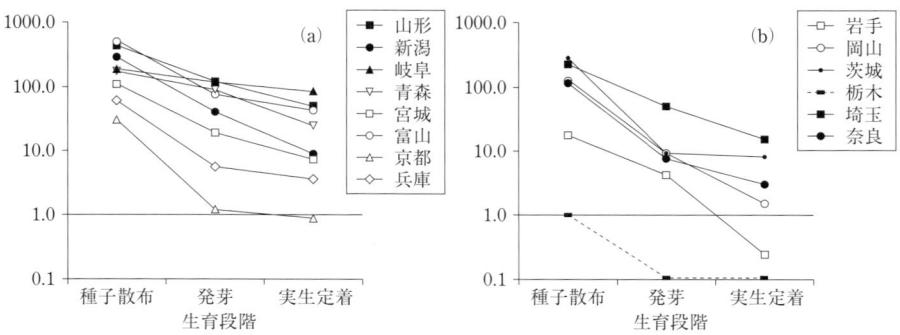

図 1.9 ブナの種子生産から実生定着までの約半年間の生残曲線（文献 2 を改変）
日本全国 15 サイトで同一手法によって計測した結果を多雪地（a）と少雪地（b）に分けて示してある．

という一見単純な研究は，実は植生の記載，多種多様な環境パラメータの収集，生残過程の追跡，生物間相互作用の分析など多くの関連研究を必要とする．対象とする時空間スケールを拡大したり縮小したり，また概念そのものを広げて考えたりすれば，さらに新たな課題が山のごとく発生してくる．事実，森林の動態というテーマはそれを調べる研究者によっていく通りもの課題設定が可能な漠然としたものであり，実際の研究現場ではこの数十年の間に研究内容が多様化，細分化され，それぞれの分野で詳細な情報が収集されてきた．現在は，それらの結果を総合化して森林の成り立ちや機能を理解していく新たな段階に入っている．以下，現在森林生態系の研究として行われている対象の主なものを簡単に紹介しよう．

（1）植生・立地： どのような環境の場所にどのような森林群集が成立し変化するのかを比較的大きな地理スケールで地形や土壌，気象，攪乱などと関連づけて明らかにしていく．環境データの多面的な収集と，統計学的に高度な多変量解析の技術が求められる．GIS（地理情報システム）によるモデル化や分析も近年急速に普及してきた．個体群・群集動態の研究と組み合わせて行われることも多い．

（2）群集・個体群動態： 前項で例として示した狭義での「森林動態」である．森林群集の更新・維持・遷移のメカニズムを樹木の生残，成長特性，齢構造，空間分布構造などのデータを使いながら分析して森林の動きを予測していく．植物体の成長や死亡を直接的に扱う分野であり，動態を即物的にとらえることができる．寿命の長い樹木群集を対象とするので，5～数十年スパンの中長期継続測定が必要であり，組織力とフィールドでの労力を必要とする．

（3）生理生態： 光合成，水利用特性，耐低温特性，栄養塩要求性，発芽特性など植物の環境入力に対する反応性を定量的に明らかにする．光合成蒸散測定装置，水分張力測定装置など複雑な機械を野外で駆使する能力と，明快な実験設定を行う能力が要求される．従来から個体群動態や機能の進化を説明する還元論的手法として多くの研究が行われている．一方，物質循環の研究とも親和性が高く，個体・個葉レベルの CO_2 収支を森林レベルの CO_2 収支特性と結びつける研究が行われている．

（4）繁殖生態： 植物の性表現の多様性（雌雄異株や性転換など），花粉媒介様式

（風媒，虫媒など），また媒介者（ハナバチなど）の行動特性が次世代の再生産や集団内の遺伝的多様性にどのような影響を与えるかを調べる．希少植物の保護のために近年重要視されている．フィールドでは訪花昆虫の観察や交配実験などを行うが，一方で性表現の進化や動物の行動に関わる深い考察も必要である．遺伝的実験や数値モデリングも頻繁に行われる．

（5）生態遺伝：　植物集団の地理的変異や地域内の集団内変異，親子関係などを DNA や酵素多型の分析で明らかにする．樹木の生残過程や分布変遷の最終結果を遺伝レベルで示すことができるため繁殖生態や群集動態の研究と組み合わせて行われるケースが増えてきた．すでに多くの研究所や大学で分析環境が整備されており，研究人員も多いので，より一層の他分野とのコラボレーションが望まれる．

（6）動植物相互作用系：　哺乳類・昆虫・鳥類による葉や種子の捕食，種子散布様式などを明らかにし，樹木の生残や更新に対する動物の寄与を示す．本来，動物が森林に与える影響には種子散布のような正の側面と食害としての負の側面が同居することが多いのだが，近年では，森林性の哺乳類による食害（シカなど）や昆虫媒介性の病害（ナラ枯，マツ枯など）が与える負の側面が社会的に注目されている．繁殖生態同様，動植物両面にわたる観察と進化に関わる考察が必要となるが，純粋に生物学的なおもしろさを追求できる分野でもある．

（7）水・物質循環系：　森林群集を「物質を固定したり変換したりする機能体」としてとらえ，森林内または森林と外部の間の物質の移動や収支を定量化する．量水堰や CO_2 フラックスタワーなど大規模なフィールド実験設備を必要とする研究も多く，長期観測を組織的に行う必要がある．地球環境変動に伴い，その実測データの収集が社会的にも強く要請されている分野でもある．

（8）古環境・古生態：　数百年から数万年という時間スケールでみた場合に，地域の森林植生や環境がどのように変動してきたのかを花粉分析，年輪年代解析，同位体分析などの手法を用いて推定する．生物遺体を識別する能力や，植物の環境指標能力に対する洞察が必要となる．他の手法では推定できない長い時間スケールでの森林の動きを把握できる分野であり，森林と環境の関係性を深く考察する際にはなくてはならない視点である．

これらの研究分野はすでにある程度確立された観があるが，これ以外にも重要な領域で発展途上のものはたくさんある．地下部の研究はその代表例だろう．根茎や菌根は定量的計測を非破壊で行うことが大変難しい．このため，限られた破壊計測によるデータと定性的議論が多く，フィールドでの非破壊定量計測による動態調査はなかなか進まなかった．近年，いくつかの新しい研究手法の開発に伴って徐々に情報量が増えてきており，今後の進展が期待される．

iii）森林動態研究の課題　　上述したような様々な角度からの研究情報を積み上げ，組み合わせて総合的に森林の挙動を理解しようというのが現在の森林生態研究のトレンドなのだが，森林生態学の研究現状ついては憂慮すべき点がある．国内の研究体制が研究内容の広がりや進歩に対応しきれなくなりつつあるのである．研究対象が

森林生態系という数百年スパンで動く壮大な複雑系であるがゆえに，本来ならばデータは長期間蓄積されたものを使うのが筋である[3]．実際，アメリカをはじめとする先進国はすでに強固なネットワーク組織でデータを継続的にサンプルし公開するシステムをつくり上げている（Long Term Ecological Research, LTER；アメリカをはじめ30カ国が国家レベルのプロジェクトとして推進．国際ネットワーク組織になっている（http://www.lternet.edu/））．われわれの場合は個人研究者の努力に頼った研究を続けざるを得ないため，せいぜい数年程度の継続性が担保されるにとどまるし，測定項目も限られている．近い将来，国際的な競争力のある研究が難しくなるのではないかという焦りを感じつつも，なかなか総合的な研究組織をつくることができない歯がゆさを多くの研究者らは感じている．観測態勢を整えてモニタリング的な基礎データを充実させる作業や，データベースをつくり公開していく作業は組織的にかつ早急に行う必要がある．

現在，各大学のフィールドセンターや研究機関はネットワークをつくり，組織的な長期大規模研究に向けた体制づくりや学生実習の互換制度を確立する準備をはじめているので，これを加速させる必要がある．

（本間　航介）

演習問題

現在，森林の発達や遷移メカニズムを解明する手段の1つとして，コンピュータシミュレーションがよく用いられるようになっている．近年では，コンピュータの中に森林内の樹木の1本ずつを再現し，個体単位で生残や成長をシミュレートしていくモデリング（individual based model, IBM）も発達している．短期的な森林の推移予測に関しては，技術的に急速な進歩を遂げているといってよいであろう．しかしながら，中長期的な森林動態の予測を行った場合，これらモデルによる推定は現場の実測データと大きくかけ離れるケースがある．このようなモデルと実際のずれを起こす原因となるのはどのような因子であるか，考えてみよ．

解答例

群集動態シミュレーションと実際のずれを生じさせる原因としては，以下のようなモデルに組み込みにくい因子が植生変化を規定してしまっている場合が考えられる．

1. ストカスティックファクター：台風や地震，斜面崩壊，洪水，山火事のように発生予測が困難な大規模攪乱によって植生が大きく変化する場合モデル予測は困難である．しかし，現実にこれらの攪乱は日本の多くの森林では数十年から百数十年に一度程度の割合で発生している．

2. 複雑な生物間相互作用（間接効果）：例えば，樹木の同調型種子生産（豊作年）が数年から数十年おきにまばらに生じ，これによってクマやシカの個体群密度が変動した結果，親木の食害率や死亡率もつられて変化してしまうケースがある．このような種子の豊凶や動物の動態，昆虫，菌などを介した森林の変動は不確定要素が大きいため，モデル化するのが難しい．

3. 植物の表現型可塑性：樹木の萌芽や倒木からのクローン再生，光合成特性のシフト（環境によって陰葉型から陽葉型に生理特性を変化させる）は植物が環境変動を逃れるために進化させた適応戦略の1つであるが，このような植物のレスポンスの変化は群集モデルには組み込みにくい．

引用文献

1) 本間航介（2002）：雪が育んだブナ林—ブナの更新と耐雪適応—．雪山の生態学（梶本卓也，大丸裕武，杉田久志編），pp. 57-73，東海大学出版会．
2) Homma, K., Akashi, N., Abe, T., Hasegawa, M., Harada, K., Hirabuki, Y., Irie, K., Kaji, M., Miguchi, H., Mizoguchi, N., Mizunaga, H., Nakashizuka, T., Natsume, S., Niiyama, K., Ohkubo, T., Sawada, S., Sugita, H., Takatsuki, S. and Yamanaka, N. (1999)：Geographical variation in the early regeneration process of Siebold's Beech (*Fagus crenata* BLUME) in Japan. *Plant Ecology*, **140**：129-138.
3) 本間航介（2001）：ネットワーク研究を軸に日本のLTERの方向性を考える（特集「日本における開かれた野外研究体制の整備にむけて」）．日本生態学会誌，**51**：277-282.

d. 森林の環境保全機能

森林は，生物の生存にとって非常に良好な環境を形成している．これは，森林生態系として生物界の物質循環がうまく行われているからである．この森林生態系の基盤は，森林-土壌-水のシステムであり，森林は水循環と土壌の形成に深く関係している．

森林は，太陽熱による蒸散によって地圏から大気圏への水循環を行うとともに，光合成によって物質の生産を行い，生物界の物質循環に関与している．この物質循環は，図1.10に示すように，有機物と無機物の混合した森林土壌が形成されることによって，動的な平衡安定状態を維持している．つまり，森林は水循環（純放射量と放射乾燥度）によって成立し（1.2 a項参照），森林の生育によって森林土壌を形成して，森林-土壌-水の循環的なシステムを維持しており，これらの相互作用が，森林環境を形成している．したがって，このシステムと循環のプロセスが環境保全の基盤としての機構（メカニズム）である．このメカニズムよって，環境保全の機能（ファンクション）が生じていると理解することが重要である．ここでは，森林生態系における循環のシステムをもとに，人間生活の環境に影響する森林の機能を考えることにする．

i）環境保全機能の考え方　森林生態系は，水・エネルギー循環，物質循環を通

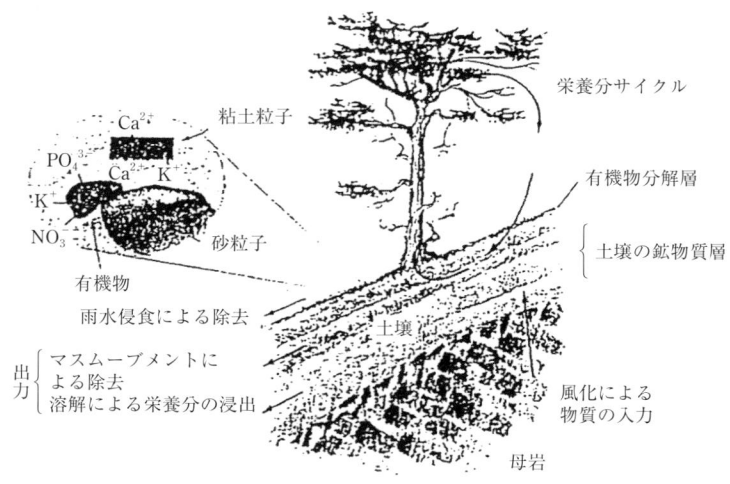

図1.10　森林土壌の動的平衡状態[1]

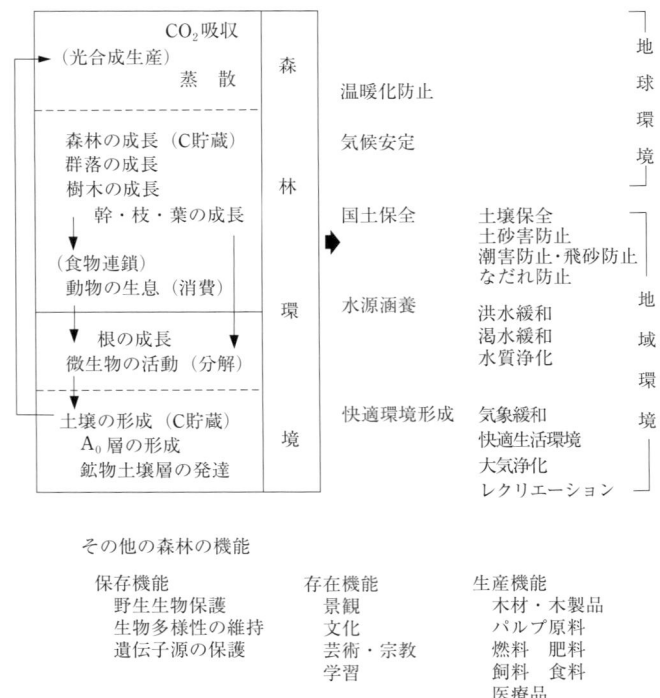

図 1.11　森林生態系の活動と環境と環境保全機能[2]

じて，地球規模，流域，あるいは地域規模で環境保全に深く関わっている．地球規模でみた場合，水・エネルギー循環では，森林地の水収支，熱収支の変化に伴って，降雨量と蒸発散量，あるいは，太陽放射に対する潜熱と顕熱のバランスによって生じる「気候変動」問題，また物質循環では，炭素固定による「温暖化防止」問題と関わっている．また，地域規模では，洪水や渇水問題，ヒートアイランドなどの「気象緩和」問題と深く関わっている．

　この水循環，熱循環，物質循環については森林環境の連続体（1.2 a 項参照）で説明しているが，この連続体の各項の量を観測し，相互の関係を解析することによって，環境保全のメカニズムと機能の評価を研究することができる．

　ここで述べた森林生態系と環境保全機能の全体的な関係を整理すると図 1.11 のようになる．地球規模と地域規模での環境問題があるが，地球規模の環境に関わるスケールとしては，最小単位でも 100〜200 km 程度で考えねばならないから，従来の「森林の公益的機能」（水源涵養，洪水防止，国土保全，快適環境保全など）は，流域，地域スケールでの「地域環境保全機能」といえよう．

　地域環境保全では，水文循環が主要な役割を果たす．水文循環に対する森林の役割は，蒸散と森林土壌による雨水流出に与える影響である．蒸散は，特に熱環境への影響として気象現象，あるいは広域的な気候変化にまで大きく関係する．

　森林土壌は，雨水が河川へ流出する経路やその水量，水質を決定し，洪水，渇水，

水源涵養に大きな影響を与えている．

特に洪水と水源涵養に深く関わっているのは森林土壌であり，これを基盤として森林の水環境が保全されている．そのため，この森林土壌を大きく変化させるような森林の変化は，直接，水循環に影響を与えることになる．

最近の森林フィールドの変化としては，1955年以前の西日本にみられたように，燃料，建築材，肥料として，林木はもとより落葉・落枝，草本，根などそれこそ根こそぎ森林を利用した結果，多数のはげ山（裸地）をもたらした．この森林の荒廃は，森林土壌の流亡をもたらし，基岩の露出した山地を形成する．また，世界的にもこのような森林の破壊は土壌流亡をもたらし，表面流の発生による洪水流量の増大，濁度の増加，熱環境の変化など著しく水文環境を悪化させている事例もある．

ii ）環境保全機能の評価 森林の環境は，それがもともと森林であることによってもたらされている環境であり，実際には，人間活動によって森林フィールドを改変した結果，どのような現象が起こるかという問題として考えることができる．したがって，森林の改変の前後を比較することによって森林の影響を評価する方法をとる場合が多い．

また，森林フィールドの環境要因に基づいて構成された森林のモデルを用いてシミュレーションを行い，森林環境の変化とその影響を研究することもある．

陸域での生物と環境との物理的過程についての基礎的な問題は，文献3を参照されたい．森林環境を表現するモデルとして，土壌から植物体を通して大気までの水分動態を表現する「土壌−植物−大気連続モデル（SPACモデル）」，流域スケールでの水循環モデル（例えばHycy model，三層流出モデルなど[4]），地球スケールでのSiBモデル（simple biosphere model）などが開発されている．特に，地球システムモデルでは，このモデルの中の陸域生態圏モデルの開発が現在の課題として注目されており，この研究の現状と課題については，伊藤ら（2004）によって報告されている[5]ので，参照されたい．

しかし「森林モデル」は，現在のところ，限られた時間，空間，あるいは特定の目的によって構成されたものが多く，総合的な森林環境の問題については，モデル限定的であることに注意しておくことも必要である．

例えば田中（2002）は，エネルギー収支，水収支，CO_2ガス交換を計算する「森林モデル」（図1.12）を開発し，タイ北部の常緑林で，現地観測で得られたモデルパラメータをもとに，森林から大気への水蒸気放出をシミュレーションして，乾季後半に土壌の深いところの水分を吸い上げ，大量の水蒸気を放出していることを予測し，実際の観測結果と一致したことを示した[6]．

この研究にみられるように，フィールドでの「観測データ」がその基盤となっており，フィールドでの基礎的な実験・観測が最も重要であるといえる．

森林の変化が降雨−流出へ与える影響について，広島県江田島における20年間の観測資料がある．図1.13に，1979年に森林が焼失した試験地（B，C流域）と，対照として焼失をまぬがれた試験地（A流域）との日流量および蒸発散量の比較を200日

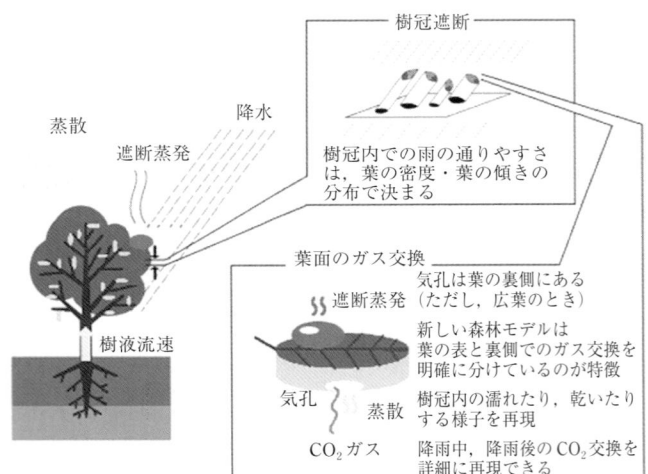

図 1.12 森林モデル（画像提供：独立行政法人海洋研究開発機構）

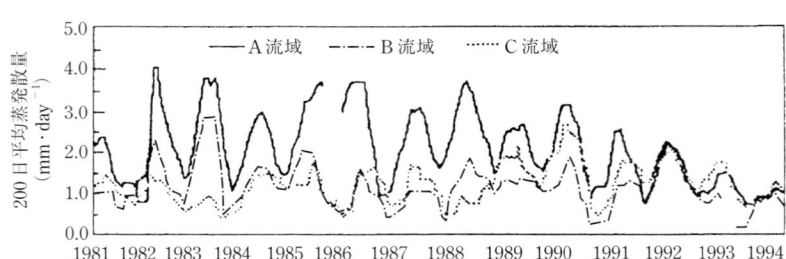

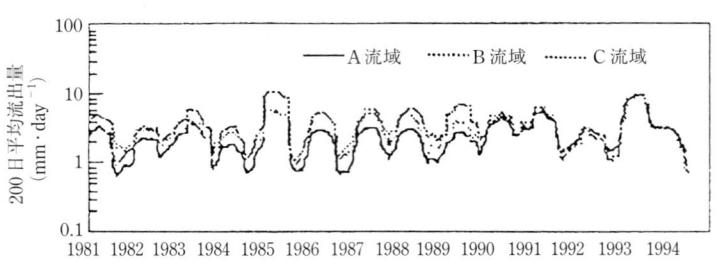

図 1.13 森林焼失後の蒸発散量・日流量の推移

の移動平均を用いて示す．ここでは，森林の焼失によって，日流量の増加と蒸発散量の減少が示されている．つまり，森林植生による蒸発散量が日流量の増減に大きく影響していることを示している．

このように，森林の変化による森林環境の変化は，長期にわたる観測をもとに評価できるものであり，また，得られたデータの公開によって研究も促進されると考えられる．

現在，全国大学演習林において，「流域生態圏における水・熱・物質循環の長期モニタリングと広域比較研究」（日本学術振興会，科学研究員補助金，基盤研究（A），平成15～17年度）は，データ公開を基本として進められている．　　　　（小川　滋）

演習問題
森林の環境保全機能を森林生態系の活動メカニズムに基づいて評価する方法を具体的な機能（例えば，地球温暖化防止機能，国土保全機能など）について説明せよ．

引用文献

1) Dunn, T., *et al.* (1978)：*Water in Environmental Planning*, 509 pp, W. H. Freeman and Company.
2) 太田猛彦 (1994)：水と森林，東京大学公開講座 地球，pp. 91-116，東京大学出版会．
3) Campbell, G. S. and Norman, J. M. (1998)：生物環境物理学の基礎 第2版（久米　篤，熊谷朝臣，大槻恭一，小川　滋監訳），315 pp，森北出版．
4) 塚本良則 (1992)：森林水文学，p. 319，文永堂出版．
5) 伊藤昭彦，市川和仁，田中克典，佐藤　永，江守正多，及川武久 (2004)：地球システムで用いられる陸域モデル；研究の現状と課題．天気，**51**：4，277-239.
6) Tanaka, K. (2002)：Multi-layer model of CO_2 exchange in a plant community coupled with the water budget of leaf surface. *Ecological Modelling*, **147**：85-104.

e. 森林と人間の関係性についての研究課題——山村の過疎化（村落調査）・森林環境教育——

本項で掲げる研究課題は，これまで述べられてきた研究課題が森林フィールドそのものを対象とするのと異なり，いわば「森林と人間の関係性」を対象とするものである．フィールドサイエンスとしての研究を考える上では，こうした「関係性」を研究対象とすることに違和感を感じる読者も存在するかもしれない．しかしながら，全く人跡未踏の森林を対象としない限り，現在そこにある森林は多かれ少なかれ人為の影響を受けて存在している．特にわが国のような人口密度の高い国においては「人跡未踏の森林」＝「正確な意味での原生林」は存在しないといってよいだろう．であるとすれば人為の影響を受けた具体的なフィールドとしての森林の特性を理解するためにも，あるいはその森林フィールドが人間の生活・生産にいかなる影響を与えてきたかを理解するためにも「森林と人間の関係性」を対象とした研究は森林フィールドサイエンスの欠かせない一分野であることが理解できよう．

人類学の分野においても，こうした人間と自然の関係を明らかにするために「3つの生態学」を用いることが提唱されている．

それは第1に「文化生態学」＝人間と自然の間の物質的・精神的・直接的・間接的すべての関係を含んだ，人間とその文化に対する自然の影響を探求するもの．第2に

「歴史生態学」＝人間と自然の相互作用の歴史，すなわち人間−自然関係の歴史的変化を探求するもの，具体的には自然の中に刻印された人為と文化の跡を読むもの．第3に「政治生態学」＝地域のミクロなレベルにおける人間−自然関係を国家システムや国際的な政治経済体制などのより広い社会の政治経済的枠組みおよびそこにおける力関係と関連させて考察するものである（以上の人類学的考察について，より深く知りたい読者は参考文献に掲げた池谷和信編『地球環境問題の人類学』を参照のこと）．

　こうした「3つの生態学」の考え方，すなわち「文化」「歴史」「政治」の視点から森林と人間の関係性を問うことは，森林フィールドサイエンスの分野でも一般的に行われてきた．ここでは山村の過疎化（村落調査）と森林環境教育を具体的な研究課題として例示しておくこととしよう．

　ⅰ）山村の過疎化・森林環境教育　山村問題とりわけその過疎化を研究課題として取り上げることの意味とは何であろうか．山村とは平地の農村に比べて田畑が少なく，「ヤマ」すなわち森林に強く依存してきた地域と定義される．すなわち自らの生活に必要な資材を森林から調達すると同時に，木材や薪炭，山菜や野生動物など他の地域向けの商品生産を行ってきた地域である．このことから山村を調査することは，山村における人々の営み＝「文化」が森林といかなる関係をもつか，言い換えれば山村に暮らす人々の営みが森林にいかに影響され，また逆に森林にいかなる影響を与えてきたかを知ることに他ならない．また，そうした山村における人々の営みと森林との関係性は，第二次世界大戦後の高度経済成長期を経て，日本の社会が工業化・都市化していくに従って大きく変化していった．そのことは山村に居住する人々の暮らしの視点からみれば，森林への依存度が下がり，人々の生活・生産双方における森林との関係性が薄れていったにとどまらず，新たな産業としての工業がもたらした雇用を求めて人々が都市へ流出していく「山村の過疎化」として現れることとなった．こうした「歴史的」視点から山村の過疎化をとらえた場合，それがもたらした森林への影響として，薪炭生産のための数十年おきの定期的な伐採を前提に植生遷移が押しとどめられていた里山林や薪炭林が放置され，自然環境が変化することや，人間による保育を前提として造成されたスギ，ヒノキなどの針葉樹人工林の管理が放棄され，荒廃しつつあることなどとして現れている．さらに，山村の過疎化はグローバルな社会経済関係の中で工業立国化を選択し，その代償として一次産品（農林産物）供給を海外からの輸入に依存するみちを選んだ「政治的」な問題でもある．こうしたことは前述した国内森林の荒廃につながっているのみならず，海外における木材輸出のための森林破壊とも大きく関連している．

　以上のように山村の過疎化を研究課題とすることによって，人間と森林の関係性（相互作用）すなわち森林が人々の暮らしにどのように影響を与えているか，また人々の暮らしが森林のあり方にどのように影響を与えているか，またそれらはどのように変化してきたか，それはまたどのような「政治的」枠組みのなかで進められてきたかを知ることができるのである．

　次にもう1つの課題例示として，森林環境教育を取り上げることとしよう．近年，

世界規模での森林破壊がクローズアップされるに従って，森林環境教育活動が活発に展開され，それについての研究も進められつつある．ここで森林環境教育とはいかなるものかを知るために，環境教育と近しい分野である野外教育についての定義をみておこう．アメリカの野外教育学者 G. ドナルドソンは野外教育を構成する 3 つの要素として次のように述べている．

① education in outdoor（野外における教育）
② education about outdoor（野外についての教育）
③ education for outdoor（野外のための教育）

この outdoor を forest すなわち森林に置き換えてみると，森林「における」「についての」「のための」教育が森林環境教育であるということができる．森林環境教育を研究対象として考えた場合，①に関わって「森林における教育活動が人間にどのような影響を及ぼすか」という観点と②③に関わって「森林を保全し，持続的に利用していくために，人間はどのようなことを知るべきか」という 2 つの課題に区分できるだろう．また前者は，森林内における活動を通じた子どもたちの心身の健全な発展を願う「情操教育」としてや，感性レベルでの「自然に親しみ大切に感じる心を育む」活動として実施されることが多い．後者については，特にわが国における実践においては，子どもたちなどの教育客体が触れようとしている森林は都市住民が夢想する「手つかずの原生自然」ではなく，「ムラの暮らし」の中ではぐくまれてきたもの，すなわち山村に暮らす人々の生産と生活を通じて維持・管理されてきたものであることへの理解を求めるものとして実施されることが多い．

以上のように，森林環境教育活動も森林と人間の関係性を構成する重要な要素であり，それを対象とした研究は，森林環境教育が人間にいかなる影響を及ぼすか，またそれにはどのようなプログラムが効果的か，その効果はどのように測定しうるか，その実施体制はどのように編成されるべきか（学校教育関係者や林業関係者，行政の協働のあり方）などが研究課題となるのである．

ⅱ）その他の研究課題群　以上述べてきたように，森林と人間の関係性を問う研究課題群は森林フィールドサイエンスの重要な構成要素であり，研究を深めていくことが必要とされている．例示としては山村の過疎化と森林環境教育をあげて解説したが，この他の研究課題群として，森林管理の担い手問題としての林業労働力・森林組合問題や，地域の自然条件や社会条件に根ざした森林保全のあり方を検討する上での住民・市民参加型合意形成，森林ボランティア，国際的協力の問題，森林保全に関わって木材貿易の問題や法律・制度の問題など地域におけるミクロレベルから国際的なマクロレベルまでの研究課題群があげられよう．

〔山本　信次〕

演習問題

1. 調査対象山村の就業構造と森林利用形態の変化（人工林率や広葉樹林からの薪炭生産など）を時系列的に対比し，地域における人と森林の関係がどのように変化してきたか検討しなさい．

2. 対象となる森林内の土地利用状況（人工林や天然林，河川，オープンスペースなどの

配置状況等）を調査し，その特性に応じて小学生を対象とした1泊2日の森林環境教育プログラムを構築しなさい．

参考文献

池谷和信編（2003）：地球環境問題の人類学，世界思想社．
堺　正紘編（2004）：森林政策学，J-FIC．
全国林業改良普及協会編（2003）：森で学ぶ活動プログラム集1，全国林業改良普及協会．
全国林業改良普及協会編（2004）：森で学ぶ活動プログラム集2，全国林業改良普及協会．

2. フィールド調査をはじめる前の情報収集

はじめに

　　　　フィールドでの調査や観測を効果的に進めることや調査目的の達成のためには，事前に調査対象地に関する基礎的な資料の収集や整理を行っておくことが必要である．また，フィールド調査においては，計画段階での対象地の絞り込みや，調査地点および調査コースの絞り込みも必要となる．その際にも，事前に収集可能な調査・観測の目的や対象地に関する基礎的資料が重要な情報をもたらしてくれる．本章では，フィールド調査に向かう前に収集しておくべき基礎的情報として，「フィールドの履歴」としての森林調査簿および「フィールドの状況」に関するアメダスデータや温量指数・地形図・土壌図・植生図・リモートセンシング資料について，得られる情報や利用方法についての概説を行う．

　　　これらの基礎的資料の収集と整理により，情報の整備と十分な計画立案を行い，効果的なフィールド調査を実現させるようにしたい．もちろん，フィールド調査の前には，必要な機器や用具の準備や点検・調整も必要である．さらに，無理のない調査スケジュールの設定や，装備・安全対策などにも十分に注意をはらった計画の立案が必要となる．

（笹　賀一郎）

2.1　フィールドの履歴

　　　　森林をフィールドとして調査する際にその林分の過去の取扱い履歴と現状，さらにこれからの計画を知ることは重要なことである．特に人工林の場合，その林分がいつから人工林となったのか，その前はどのような状況であったのか，いつ伐採を行う予定であるのかを知っておく必要がある．

　　　森林の現状を知るには森林簿（森林現況簿，森林調査簿ともいう）が一般的な情報源である．森林簿は小班ごとの面積や森林の種類（人工林，天然林など），林況（樹種，林齢，材積，本数，成長量など），地況（地位，地利，斜面方位，傾斜，地質，土壌型など）を記録した台帳である（図2.1，図2.2）．森林簿の林齢は更新年度を第1年としているため，植栽木の場合には樹齢は林齢よりも3〜5年程度大きくなるので注意を要する．このほかに保安林や自然公園，鳥獣保護区など取扱い上の制限因子となる情報も書かれている．こうした森林簿の内容は5年か10年ごとに見直しがなされる．材積や本数はサンプリング調査による推定値である．森林簿は主に林業経営に必要な資源情報が記載されており，一般に植生や動物に関する情報は含まれていない．最近は多くの場合，森林簿の情報はデジタル化されておりファイルの形で取り出

すことが可能である．小班は森林計画図（一般に縮尺 5000 分の 1）に記載され，その所在や形，大きさを知ることができる．これらもデジタル化され森林 GIS として整備されている．

過去の森林の取扱いを知るには林班沿革簿（施業履歴簿など呼び方は多様である）がある．森林簿と同様に小班ごとに，過去の施業の記録が時系列的に記載されている．すなわち，伐採の時期，面積，方法，樹種，材積，本数，更新や保育の記録が発生順に記載され，森林簿の本数・蓄積が記載されている．より詳細な施業沿革簿ではそれに要した人工数や経費も記録され，森林経営に要したコストを知ることができる．また，林道や索道などの生産基盤の作設に関する時期や経費に関する情報も記録される．このほか，気象害や野生鳥獣害，病虫害の履歴も記載される．こうした情報をたどることによって，過去の森林の状況を知ることができる．ただし，小班の区画や名称が

第1林班

小班	植栽年	林齢	面積（ha）					防風帯	崩壊地	樹種	ha当たり (m³)		小班当たり (m³)			地種種類	摘要
			総面積	河川	水流	道路	林地				材積	成長	本数	材積	成長		
A	1930	65	7.58		0.14		7.44		0.08	モミ,ツガ,カヤ 広葉樹,スギ	131	1.8		978	13.4	保護林	西部域を特別自然保護区に設定．保護樹ヒメユズリハ，リョウメンシダ．保護樹 バリバリノキ,シラカシ,ヒメユズリハ．スギ老木点在する．
B1	1899	96	2.29	0.16	0.02	0.05	2.06		0.15	広葉樹	154	1.6		316	3.3	風致林	
B2	1930	65	9.79		0.18		9.61			広葉樹モミ,ツガ,カヤ	115	1.7		1107	16.4	大径木	保護樹 クマノミズキ．

図 2.1 東京大学千葉演習林の森林現況簿

森　林　簿

広域流域	森林計画区	市町村	森林管理署	林班

小班	森林の所在地			森林所有者氏名	森林所有者の在村・不在村	機能の種類	森林の種類	面積(ha)	林種	施業方法による区分	樹種	混合歩合	面積歩合	齢級	樹冠疎密度	平均樹高	地位級	地利級	立地級	伐採の方法	更新の方法等	公益的機能別施業森林等	搬出方法特定森林等	材積 (m³)			成長量 (m³)		伐期材積 (m³)	森林施業計画	分収林	保健機能森林	備考
	大字	字	在番本番支番							現在 将来	樹種	現在(%) 将来(%)	現在 将来		現在 将来			現在 将来				区分 施業方法等		ha当たり	総材積 針 広 計		ha当たり	総					

注　地域森林計画においては，森林管理署の記載は要しない．

図 2.2　林野庁が示す民有林・国有林の森林簿の雛形

途中で変わることがあり，1つの小班が分割されたり，逆に統合されたりすることもあるので，こうした作業をする際には，過去の森林計画図と合わせて確認する必要がある．

　将来の森林の取扱い予定を知るには森林施業計画がある．一般的には5年または10年の期間で伐採や植栽，下刈や間伐などの保育作業の計画，林道開設の計画などが記載されている．

　これまで紹介した森林簿，森林計画図，森林施業計画などの森林情報は民有林の場合，地方自治体で管理されているが，個人情報を含むため閲覧には森林所有者の同意が必要である．国立大学の演習林は2004年度の法人化に伴い民有林となったため，これらの情報が地方自治体に集められつつあるが，独自の様式でこれらの森林管理情報が整備されている．

〔山本　博一〕

2.2　フィールドの環境

a．アメダス

ⅰ）アメダスとは　よく耳にするアメダス（Automated Meteorological Data Acquisition System，AMeDAS）とは，気象庁の「地域気象観測システム」の通称である．

　気象官署の気象レーダーと気象通報所しかなかった当時に，日本国内で局地的に発生する大雨や突風，大雪などの気象状況をきめ細かく，より迅速に把握し，気象災害を防止・軽減するために開発された気象観測システムである．降水量，気温，日照時間，風向・風速の4つの気象要素と，積雪地域においては積雪深が毎正時（1時間ごと）に24時間観測されている．ただし，災害発生が予想されるある基準値を超えたときは随時観測される．

　観測で得られたデータはISDN回線などを通じて，また，気象官署からは気象庁のADESS回線で東京大手町にある気象庁内の地域気象観測センター（通称アメダスセンター）に集信され，データの品質チェックを経た後，ADESS回線経由で全国の気象官署に配信され，天気予報や予報解説に利用されている．

　1972（昭和47）年から着手し，1974年に運用を開始し，1979年に完成した．積雪深計は1977年から秋田県内で試験運用がはじまり，1979年に正式に運用が開始された．1993年には10分おきの臨時配信が開始され，2004年現在では第4世代のアメダスが運用されている．

　降水量の観測地点（地域雨量観測所）は全国で約1300地点あり，約17 km^{2}に1カ所の割合で設置されている．これらの観測地点のうち約850地点では気温，日照時間，風向，風速の気象要素も同時に自動観測されている．この4気象要素を観測している観測点（地域気象観測所）は，約21 km^{2}に1カ所という観測網密度となる．このほかに，積雪地域においては約280カ所で冬期の積雪深が自動観測されている．こうした観測網は都道府県レベルの気象現象の把握に効果を発揮している．近年は局地的な集中豪雨や雷，突風など，より狭い範囲の現象把握に対する需要が高まっている．

また，通常の観測網とは別に，地震や火山噴火などで大規模な災害が発生し，地盤の緩みや火山噴出物の堆積など通常よりも弱い気象現象で二次災害が発生する危険性が長期的に継続する場合，アメダスの臨時観測点が設けられることがある．過去には1990年の雲仙普賢岳の噴火や1995年の阪神淡路大震災，2000年の有珠山の噴火で運用され，2004年には三宅島で臨時観測点が3カ所運用されている．

ii）アメダスの観測値について　アメダスで観測している気象要素ごとの観測方法と観測値は以下の通りである．

① 降水量：転倒ます型雨量計を使用して0.5 mm単位で観測．雪・あられなどは，溶かせる仕組みになっている．
② 気温：通風筒付電気式温度計（センサーは白金抵抗）を使用して0.1℃単位で観測．
③ 日照時間：太陽電池式日照計，回転式日照計，太陽追尾式日照計のいずれかを使用して，太陽が照らした時間を0.1時間（6分）単位で観測．例えば，11時から12時の1時間にすべて太陽が照っていたら1時間と表示．
④ 風向：風車型風向風速計を使用して，風の吹いてくる方向を，北，北北東，北東，東北東，東，東南東，南東，南南東，南，南南西，南西，西南西，西，西北西，北西，北北西の16方位で表す．発表されている値は，観測前10分間の平均値．
⑤ 風速：風車型風向風速計を使用して，風の速さをm/s単位で表す．発表されている値は，観測前10分間の平均値．
⑥ 積雪：超音波積雪計と超音波積雪深計を使用して積もっている雪の地面からの高さをcm単位で観測．

iii）フィールド調査にアメダスデータを活用しよう　アメダスによって得られたデータは，気象衛星や気象レーダーなどのデータとともに気象災害による被害の防止・軽減のために必要な，きめ細かな予報・警報の的確な発表などのために利用されているだけでなく，これまでに蓄積された資料に基づく統計値は，これから調査を手がけようとする森林フィールドの気象に関する環境情報を事前に収集することに大いに役立つ．

現在，アメダスデータは地域気象の統計値として様々な分野で広く利用することが可能になっていて，気象庁のホームページ（http://www.jma.go.jp/jma/ index.html）には「気象統計情報/気象観測（電子閲覧室）」が設置されていて，以下のデータが無料で公開されている．

① 今日・昨日のデータ（速報値）：1時間ごとに更新され，昨日から今日現在までの気象データが閲覧可能．
② 昨日までのデータ（統計値）：1日1回更新され，昨日までの気象データが閲覧可能．過去30年間の平均値や，これまでに記録した最高気温なども含む．
③ 全国一覧表・分布図など：毎日の全国データ一覧表や全国の気象官署の日別値が閲覧可能．最近の30日分が掲載されている．

④ 毎月の分布図：気温・降水量・日照時間の分布図（平年差比）が2002年1月分より掲載されている．

以上のデータサービスのほかに，以下のアメダスCD-ROMが販売されていてる．

① アメダス観測年報テキストファイル版：アメダス観測年報のうち，アメダス資料についてテキスト形式で収録されたもの．市販のワープロ，エディター，表計算ソフトなどで参照・利用が可能である．最近のものでは，アメダス時・日別値（4要素）のほか，積雪時・日別値，アメダス月（年）別値，アメダス観測の極値・順位，4要素の月・年集計値なども収録されている．収録期間は1976〜2004年で，毎年1枚のCD-ROMに収録されている．

② アメダス10分値データ（CSV形式）：全国各地の地域気象観測所で得られた観測資料（気温・風向・風速・降水量・日照時間・積雪）の10分値の1年分を，CSV形式に変換して収録したもの．収録期は1994年は4〜6月，7〜12月までで各1枚．1995年から2004年後半までは半年で1枚．最新版は2005年前半（1〜6月）．

③ アメダス年報（アメダス観測年報）：約1300地点のデータが観測地点別・時刻別・日別で収録されている．日別値では，日合計値，日平均値，日の極値を求めている．このうち気温・降水量・風・日照の4要素は約800地点，降水量のみは約500地点が収録されている．1997年以降は上の内容に，観測開始以来のアメダス観測の極値順位，アメダスに関する各種情報（観測所履歴情報など），1998年以降の寒候期の積雪データが追加されている．

収録されているデータは，アメダス時・日別値データはCSV形式，アメダス月・年別データはテキスト形式，アメダス極値・順位データはテキスト形式である．また，観測所の情報として，地点番号，位置（緯・経度，海抜高度）などがCSV形式で収録されている．アメダス時・日別データは，1999年まではバイナリー形式で収録されていたが，2000年版からはCSV形式に変更され，市販の表計算ソフトでのデータ処理が容易になっている．収録期は2006年現在で1976〜1978年，1979〜1982年，1983〜1986年，1987〜1990年，1991〜1994年，1995年，1996年，1997年，1998年，1999年，2000年，2001年，2002年，2003年，2004年で，合計15枚のCD-ROMに収録されている．

〈小野寺弘道〉

b．温 量 指 数

ⅰ）温量指数とは 温量指数（warmth index，WI）は吉良（1948）[1]によって考案され，実用化された積算温度の一種である．吉良は，植物の生育できる温度の限界値を5℃としてこの指数を提案し，それと植物帯，特に湿潤域の森林帯とを対応させた．

温量指数は暖かさの指数とも呼ばれ，地域の森林の特徴を記載する際などに広く用いられている．月平均気温5℃以上の月について，各月の平均気温から5℃を差し引いて1年間積算した値で，以下のようにして求められる．

$$\mathrm{WI} = \Sigma(t-5) \quad (ただし,\ t は月平均気温,\ t > 5℃の月について)$$

指数であるから単位は不要であるが，℃・月とつける場合もある．通常，植物の生育に関する積算温度は日平均気温について計算する場合が多いが，温量指数は月平均気温を単位としているので計算が簡略であるというメリットがある．

また，吉良は月平均気温 5℃ 以下の月について，5℃と各月の平均気温との差を1年間積算した値にマイナス記号をつけた積算温度，すなわち，$-\Sigma(5-t)$（ただし，t は月平均気温，$t < 5℃$の月について）を寒冷指数（寒さの指数：coldness index, CI）とした．

ii）温量指数と森林分布の対応

北半球の十分に湿潤な地域，例えば東アジアでは，赤道から北極に向かって，熱帯多雨林，亜熱帯多雨林，暖温帯照葉樹林，冷温帯落葉広葉樹林，亜寒帯常緑針葉樹林，寒帯低木林・ツンドラという森林が連なっていて，それぞれの境界と温量指数はよく対応している．

すなわち，熱帯多雨林と亜熱帯多雨林との境界は 240，亜熱帯多雨林と暖温帯照葉樹林との境界は 180，暖温帯照葉樹林と冷温帯落葉広葉樹林との境界は 85，冷温帯落葉広葉樹林と亜寒帯常緑針葉樹林との境界は 45〜55，亜寒帯常緑針葉樹林と寒帯低木林・ツンドラとの境界は 15 である（図 2.3）．

東アジアに位置する日本列島は，年降水量の全国平均が 1700 mm にも達し，国土全体がおおむね湿潤な環境下にあるので，森林帯の分布を支配する主要な因子は気温であり，亜熱帯常緑広葉樹林，暖温帯常緑広葉樹林，冷温帯落葉広葉樹林，亜寒帯常緑針葉樹林が分布している．

ただし，温量指数によって森林分布をうまく説明できない地域がある．例えば，本州中部から関東北部にかけては，温量指数では暖温帯常緑広葉樹林が分布してもよい地域であるが，実際には常緑のカシ類が成立しておらず，コナラ，クリ，シデ類などの落葉広葉樹林になっている．これは常緑カシ類の分布が冬の低温の影響を受け，生

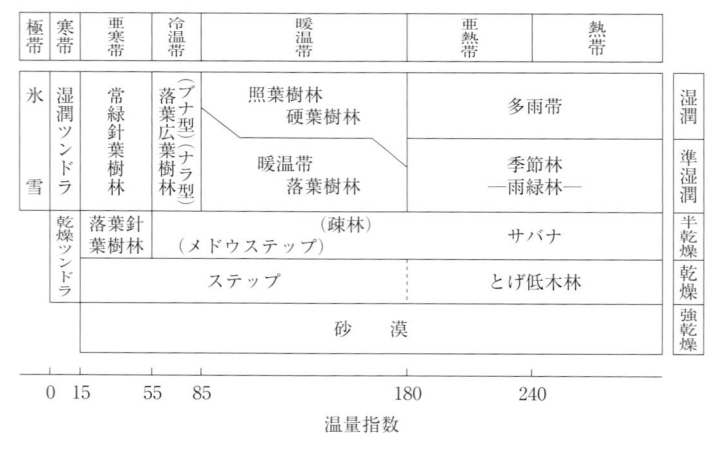

図 2.3 北半球における温量指数と森林分布の対応[2]

育が制限されるためである．このような地域は中間温帯といわれており，朝鮮半島の内陸部にもみられる．このように中間温帯は冬の寒さが厳しくなる内陸的な気候環境下で現れやすい．中間温帯は温量指数が 85 以上で，寒冷指数が $-10\sim-15$ の地域に相当している．

また，北海道では広い範囲について，冷温帯落葉広葉樹林と亜寒帯針葉樹林の境界の温量指数が 45 とはならず，55 の方が適合性が高いことが知られている．このことは，植物の生育できる温度の限界値を一律に 5℃ とすることに無理が生ずる場合があることを示しているといえる．

iii) 温量指数は森林帯の推移を説明する尺度　温量指数の要素である気温は，緯度が高くなるにつれて低下するだけでなく，同じ緯度であれば標高が高くなるにつれて低下する．このような気温の減率は，垂直（標高）方向では 100 m につき約 0.6℃，水平（緯度）方向では 100 km につき約 0.5℃ である．すなわち垂直方向の減率は水平方向の減率に対し距離でみると約 1000 倍にもなる．

本州中部付近の森林の垂直分布は，相観によって亜山地帯（丘陵帯），山地帯，亜高山帯，高山帯に区分され，それらはそれぞれ水平分布の暖温帯，冷温帯，亜寒帯，寒帯にほぼ相当する森林の生活環境となっている．東北地方北部の北緯 40° 付近では，冷温帯落葉広葉樹林と亜寒帯常緑針葉樹林の境界に相当する温量指数 45 のラインは，標高約 1100 m の等高線にあり，山地帯と亜高山帯の境界となっている．

温量指数によって森林の分布をうまく説明できない地域が部分的に存在するケースはあるものの，温量指数は森林を相観によってマクロ的に分類する際に，森林帯の推移をうまく説明する尺度として便利である．相観による森林の分類の基本単位は群系である．群系による分類は森林全体を代表する優占種の外観的な特徴によって行われる．優占種の外観的な特徴は，葉の機能，葉の大きさ，葉の質など植物の環境適応形によって決定される．このため，相観による森林の分類は，ただ単に森林の住所を示すだけにとどまらず，森林の生活環境としての土地の条件をも反映しており，さらには森林に棲む動物の生活とも密接に関連し，動物集団の分布をも含めた森林生態系の解明への手がかりを示している．　　　　　　　　　　　　　　　　　　　（小野寺弘道）

引 用 文 献

1) 吉良竜夫（1948）：温量指数による垂直的気候帯のわかちかたについて．寒地農学，**2**：143-173.
2) 日本林業技術協会編（2001）：森林・林業百科事典，p. 12, 丸善．

参 考 文 献

梶本卓也ら（2002）：雪山の生態学，東海大学出版会．
小野寺弘道（1990）：雪と森林，林業科学技術振興所．

c. 地 形 図

i) 地形図とは　現地の環境情報を収集する場合，調査者がまず手にするのがおそらく地図（地形図）であろう．地形図には等高線とともに，道路や構造物，さらには地表の被覆状況なども記されており，調査地付近の自然あるいは社会的環境に関す

る情報を様々な形で抽出することができる．例えば，町・村などの集落，道路，鉱山などの配置より人為の影響をある程度推定できるし，水田，畑地，牧草地，林地などの地表面被覆に関する記号よりエリアの土地利用を知ることができる．しかし，地形図で最も重要なポイントは，等高線の形状を読み取ることによって，標高とともに起伏や突起などフィールドに関する様々な地形情報を得ることができる点である．尾根や谷，斜面の緩急，傾きの方向，崩壊地の有無，蛇行河川，湿地，泥炭地，台地，扇状地など様々な地形は森林の成立にとって最も基本的な環境要素である．場合によっては，環境条件の類似した（あるいは異なった）複数の調査プロットを比較しなければならないケースもあり，それらをなるべく近傍に設定するためにも地形図は有力な情報を提供する．

ⅱ）調査準備と地形図の利用　　目的にあった調査地を選定するためには，調査地付近の地形の構成要素に関する情報をあらかじめ把握しておくことである．表2.1に日本でよく使われる地形分類について示した．日本の地形を大きくみると，その成因，構造，形態，起伏により，山地，火山地，丘陵地，台地，低地といった大地形に区分できる．さらに，山地の場合には尾根や沢があり，山腹には凹凸や緩急の傾斜があるなど，いくつかの特徴的な小さい地形面の組合わせとしてとらえることができる．このような地形面の単位を小地形と呼び，1つの小地形面の中では気温や土壌水分条件が類似している場合が多く，類似した森林が成立している確率が高い．

　ここで大事なことは，調査対象エリアがどのような小地形の組合わせになっているのかを地形図を通して把握しておくことである．小地形の判読は地形図の等高線を読み取ることによりある程度可能である．そのため，地図を購入して調査地の地形に関する情報を入手し，必要ならばあらかじめ大まかな地形区分図を作成しておくことが望ましい．なお，小地形（あるいは微地形）の分類に正確を期す場合には航空写真を使った判読も併用する必要がある．

　日本はユーラシアプレート東縁にあり，太平洋およびフィリピン海プレートとぶつかり合う位置にある．そのため，プレートどうしのせめぎ合いによる急激な地殻変動や火山活動による造山運動と，第四紀以降の多雨温暖気候下の激しい侵食作用（北海道では最終氷期の凍結融解作用による面状侵食も含まれる）により，国土の3/4は山地であり，複雑な地形構成となっている．

　森林を調査対象にする場合，フィールドは起伏量の大きい山地にある場合が多く，直線距離でわずか1〜2kmの間に数百mの高度差が生ずることも珍しくない．そのため，地理的には近接していても，標高が異なるため温度や水分条件などの局所的な気候条件に差を生じやすく，谷筋では落葉広葉樹林が成立しているのに山頂部ではハイマツ林や高山植物群落が分布するなど，地表の植生状態が標高で大きく異なることは山地ではよく観察される現象である．

　一方，山地において地形はより小さいスケールでも土壌の水・熱状態や樹木の生育と密接な関わりをもっている．尾根筋は最も乾燥しやすく，逆に谷や凹地では湿潤な環境にある．また，北斜面では春先の残雪により，消雪の早い南斜面に比べて植物の

表 2.1　地形分類の一例[1]

大分類 (地形地域)	中分類 (地形区)	小分類 (地形面)		備考
山地(域) 火山地(域) 盆　地 平　野	山　地 丘　陵　地 山ろく地	侵食地形 (斜面)	緩斜面　凸型緩斜面 　　　　凹型緩斜面 　　　　等斉緩斜面	火山地域においても侵食が進めば，左記の各種地形面が発達する
			急斜面　凸型急斜面 　　　　凹型急斜面 　　　　等斉急斜面	
			崖	
		堆積地形 (斜面)	崖　　錐 麓　屑　面 土石流地形 沖　積　錐	
(例) 北上山地 木曾山地 富士火山地 阿蘇火山地 上川盆地 秩父盆地 十勝平野 関東平野	火　山　地 火山性丘陵地 火山性山麓地 火山性台地	火山平坦面		火山地域独特のもののみを掲げた
		溶岩流地形	溶岩流地形凸部 溶岩流地形凹部	
		泥流地形	泥流地形凸部 泥流地形凹部	
	台　地 洪積台地	台　地　面	上位台地面 中位台地面 下位台地面	沖積台地には林地はきわめて少ない
		谷頭コルビューム 台地上浅谷面 台地上微高地		
	沖積台地	沖積河成台地面 沖積湖成台地面 沖積海成台地面		
	低　地	扇　状　地 谷　底　低　地 砂　　　丘 (以下省略)		低地地形のうち林地にみられる地形面の主要なもののみを掲げた

この分類は，土地利用調査研究報告書（農林水産技術会議事務局 1963）に発表されたものに，備考，例，その他を久保が加筆したものである．
大分類，中分類の各種地形は地形学的地域区分に使用される．林野土壌調査にとって重要なのは小分類の各種地形面である．

成長開始時期が遅れるなど，フィールドにおいて地形の影響を認識することは少なくない．1つの斜面上においても，降雨による地表面流去水と土壌中への浸透水の割合は斜面の長さや勾配に依存する．さらに，傾きの方向は日照時間，日射量，蒸発散量，積雪量，土壌凍結深度，風衝の強さなどに強く関与して樹木の成長に大きな影響を与えている．したがって，同一斜面に樹木を植栽しても，斜面上部と下部で成長が異なったり，樹種によっては斜面下部では晩霜害や雪害により成長が著しく阻害されたりする．図 2.4 の写真は北海道大学中川研究林の森林景観である．北向き斜面にはミズナラやダケカンバなどの広葉樹林が，南向き斜面にはトドマツ主体の針広混交林が成立し，斜面の向きにより森林植生が明瞭に区別されている．その原因については十分

図 2.4 北海道大学中川研究林の森林（冬季）
北向き斜面（手前側）は落葉広葉樹主体であるが，反対側の南〜南西斜面は針葉樹も多く黒々としている．

解明されているわけではないが，上述したような微気候や土壌の水・熱状態などの自然環境条件の違いが大きく関わっていることが推定される．

iii) 地形図の入手法 最も容易に入手可能なのは国土交通省国土地理院発行の5万分の1あるいは2万5000分の1地形図である．最近では，従来の印刷された「地図」とともに，標高や基準点など地図上の情報をデジタル化した数値地図（CD-ROM版）も国土数値情報の一環として整備されている．しかし，2万5000分の1地形図の場合，1 km は地図上では 4 cm しかなく，調査地の大まかな位置をつかむものには適しているものの，フィールド調査用基図としては縮尺が小さすぎ，100 m × 100 m プロットの植生調査などフィールドで通常行われる調査には適当ではないことが多い．現場ではこれよりも大縮尺の地図がより実用的であり，最低でも5000分の1の地図を入手したい．5000分の1や2500分の1の地形図としては国土基本図が国土地理院より発行されており，（財）日本地図センター（http://www.jmc.or.jp/index.html）や各地の地図販売店において入手可能である．国土基本図の作成されている地域は（財）日本地図センターなどで調べることができるが，主に都市計画区域などの平野部に限定されている．一方，山間地域に関しては縮尺5000分の1の森林基本図があり，国有林の森林基本図は各地域の森林管理局で，それ以外の公有林を含む民有林の森林基本図は各都道府県の林務担当部局でコピー（有料の場合が多い）を入手することができる．ただし，基本図のサイズはA0版であり，コピーが外注されている場合には一定の時間を要することもあるので，事前の問い合わせが必要である．

また，大学演習林をフィールドに選ぶ場合には，5000分の1あるいは1万分の1の演習林基本図を所有しているので，電話やメールであらかじめ問い合わせするとよい．ただし，演習林基本図は基本的には空中写真を図化しているので，沢筋や稜線が必ずしも正確に表現されていない可能性もあることに注意してほしい．もし，基本図を入手できない場合は便宜的に2万5000分の1の地形図を必要な大きさに拡大して使用することになる．なお，演習林基本図に限らず演習林で所有している地形図には

林班界や林道など重要な情報が記載されているので，調査する場合は常に携行しておきたい．

(佐藤　冬樹)

引用文献

1) 森林土壌研究会編 (1982)：森林土壌の調べ方とその性質, 林野弘済会．

d. 地 質 図

ⅰ) 地質図とは　　地質図は正確な地形図上に地殻最上部の状況を一定の約束に従って表したものであり，岩石の種類，形成された地質年代，地層の走向・傾斜，断層の位置などの情報が記載され，地形図と組み合わせることにより様々な使い方ができる．

地質はその主要構成要素である岩石の風化により土壌の母材をつくり出すとともに，植物の成長や土壌の生成に大きく影響する地形を支配する因子ともなる．そのため調査地域の土壌生成因子として土壌の理化学性を規定するばかりでなく，そこに成立する森林と密接なつながりをもっている場合も少なくない．岩石の種類が異なると，風化に対する反応が異なる．そのため，岩石に含まれる化学成分の洗脱程度，風化物の物理性などに差を生じ，さらに土壌中の粘土鉱物の種類や塩基状態に影響を与え，最終的には特異な土壌生成過程の発現をみたり，共通な土壌生成過程の中における変異の原因となったりする．

ⅱ) 地質の種類と地質図より得られる情報　　日本列島は造山運動により生じた地殻の隆起と沈降が地質時代より繰り返されてきた．日本列島の原型が出現したのは地質年代としては比較的新しく，第三紀のはじめ頃，ユーラシア大陸東縁部に発生した激しい断層運動の繰り返しと，それにより生じた深い断層面に沿って起きた激しい火山活動により，地下のマグマが噴出して様々な火成岩を生成させた．この一方で，地殻の沈降による大規模な海進が行われ，海底に新しい地層の堆積をみた．さらに，これらの火山活動による地層の陸化や著しい褶曲運動による山地の形成が行われ，その結果，日本列島の地質は狭い国土にもかかわらず，様々な岩石が出現するきわめて複雑で変化に富むものとなっている．

地質を構成する岩石は，そのでき方により火成岩，堆積岩，変成岩の3種類に区別することができる（表2.2）．火成岩は高温のマグマが冷却することにより生成した

表 2.2　主な火成岩の分類[1]

組成	産状	色調	白っぽい ←		→ 黒っぽい
		化学組成 (SiO_2含有率) 鉱物組成	酸性岩 (66％以上)	中性岩 (66〜52％)	塩基性岩 (52〜45％)	超塩基性岩 (45％以下)
			石英, 正長石 斜長石, 黒雲母	中性〜曹灰長石 角閃石	灰〜亜灰長石 輝石, 橄欖石	橄欖石, 輝石 角閃石, 蛇紋石
粒が粗い ↓ 粒が細かい	深成岩		花崗岩	閃緑岩	斑れい岩	橄欖岩
	半深成岩		石英斑岩	ひん岩	輝緑岩	
	火山岩		流紋岩	安山岩	玄武岩	

図 2.5 北海道大学天塩研究林蛇紋岩地帯の林相（冬季）
蛇紋岩上にはアカエゾマツの純林が成立し，黒々としているが，混在している白亜紀堆積岩の部分（中央部の小突起）では落葉広葉樹林となっている．

ものであるが，冷却の状態（ゆっくり冷えたのか急速に冷えたのか）や化学組成（主としてケイ酸（SiO_2）含量および鉱物組成）によりいくつかに分類される．冷却の状態による区分が深成岩・半深成岩・火山岩であり，地下の深いところでゆっくりと冷却した場合には鉱物の結晶が大きくなる．花崗岩や橄欖岩がその例である．これに対し，マグマが地下の浅いところや地表に噴出して急速に冷却した場合には，ガラス質ないしは非常に微小な結晶で構成される部分（石基）とマグマの噴出以前に晶出していたやや大型の結晶の入り交じった斑状組織を形成する．一方，化学組成で区分した場合には，ケイ酸含量に応じて酸性岩・中性岩・塩基性岩・超塩基性岩に区分される．含まれている鉱物も異なり，酸性岩である花崗岩には石英や長石が多いため白っぽい色となり，塩基性岩である玄武岩では石英を含まず輝石などの有色鉱物の含量が多くなり黒っぽい色を呈するようになる．

　堆積岩は，風化作用によって生成した粒子が河川などの堆積作用により浅海底に堆積したものやサンゴ礁などが長い地質年代を経て固結したもので，もとの堆積物の性質により砂岩，泥岩，凝灰岩あるいは石灰岩などと名づけられている．変成岩は火成岩や堆積岩が熱や圧力による変成を受けたもので，大理石，蛇紋岩，結晶片岩などが該当する．

　また，現在でも桜島をはじめとする数多くの活火山が存在しているように，第四紀以降も日本列島における火山活動は活発であり，火山の噴火より放出された大量の火山灰は国土を広く覆っている．さらに，洪積世における氷期と間氷期における海退と海進の繰り返しにより生成した堆積物は，現在では海岸段丘や河岸段丘を形成していて，岩石ばかりでなく，これらの非固結堆積物も表層部の地質として重要である．

　石灰岩，蛇紋岩，花崗岩などは岩石の特徴が土壌に現れやすく，そこに発達する森林にも影響を及ぼす場合もある．図2.5の写真は北海道大学天塩研究林における地質と森林の関係を示したものである．この地域には超塩基性岩である蛇紋岩が広がっているが，その中に小面積ながら白亜紀堆積岩など蛇紋岩以外の岩石を含んでいる．こ

れらの岩石の分布する地域は蛇紋岩地域と風化の受け方が異なるため，周囲より突出した地形を示している．蛇紋岩上にはアカエゾマツの純林が広がっているのに対し，蛇紋岩以外の岩石でできている中央部の小高い部分にはトドマツ，ミズナラ，ダケカンバなどの針広混交林が成立し，地質による森林植生への影響が特徴的に現れている．蛇紋岩は超苦鉄質岩とも呼ばれ，マグネシウムや鉄の含有量が非常に多く，そこに発達している土壌にもマグネシウムが高濃度で存在する．そのため，樹種によっては樹木中のミネラルバランスが崩れ，蛇紋岩上における生育が阻害される要因となっている可能性が考えられる．

iii) 地質図の入手法と利用の留意点　地質は地形や森林の構成に深く関わっていることから，調査予定地の地質に関する情報を事前に調べることは有益な作業といえる．国内では各種地質図が作成されており，ほぼ全国をカバーしている．可能ならば5万分の1，最低でも20万分の1地質図を用意して調査地域の地質状況を調べるとよい．これらの地質図に関しては，地質調査所から各種の地質図が発行されている．また，大学演習林のフィールドに関しては，地点によっては調査所発行のもの以外にも様々な学術調査や卒論・修論作成などによる成果書などがあるので問い合わせしてみるとよい．近年は，地質総合調査センターにおいてインターネットによる検索・購入が可能である（http://www.gsj.jp）．また，CD-ROMによる数値地質図も整備されているので，国土数値情報（地形図）と組み合わせてコンピュータ上で様々な加工もできるようになっている．

地質図を使用する場合に注意するべき点は，あくまでも地質学的観点から地殻の最上部の状況を表示しているため，地表そのものの状況を表しているのではないことである．地表面には土壌があり，噴出源の異なる複数の火山灰が堆積しているところも多い．土壌はすべて地殻最上部の地質から直接生成されているわけではなく，山地などの急斜面の場合には斜面上方から移動してきた物質から土壌ができている場合も多い．また，最終氷期に起きた凍結融解作用や地すべりなどのマスムーブメントは表層物質の移動・再堆積および混合をもたらす．また，河川近傍では洪水などにより大量の土砂が移動・再堆積し新たな表層物質となるケースもある．そのため，地質図上に表示されているものとは全く異なる物質が表層物質として存在していることも多い．その他，火山灰も一様ではなく，各火山や噴火年代により化学性や粒径などの性質が異なっている．

このように，国内のフィールドでは地質図より予想される物質と実際に地表にある物質とは異なる場合も少なくないことに十分注意をはらい地質図を活用する必要がある．

〔佐藤　冬樹〕

引用文献

1) 森林土壌研究会編（1982）：森林土壌の調べ方とその性質，林野弘済会．

e. 土　壌　図

i) 土壌図とは　土壌図とは，ある地域に出現する土壌の空間的広がりを地形図

上に表したものである.ここで述べている土壌とは,単なる岩石の風化物ではなく,ある地形上に存在する岩石の風化砕屑物(母材)をベースに,その地点における気候条件下で,それに対応した生物の作用を受けながら,一定の時間をかけて生成したものを指している.そのため,気候・地形・地質(母材)・生物・時間(ときには人為も加わる)は土壌生成因子と呼ばれ,各因子が単独ではなく相互に影響を及ぼすことにより土壌は形成される.したがって,ひと口に土壌といっても土壌生成因子の作用程度により出現する土壌が異なり,日本には亜寒帯から亜熱帯の気候下に特徴的に分布する土壌(成帯性土壌)とともに,複雑な地質・地形と関連性の強い様々な土壌(成帯内性土壌)が分布している.

　土壌は地表部最表層にあり,樹木が成長するための養水分吸収の場として重要である.一方,樹木は根を通じて地下部より無機元素を養分として吸収し,落葉・落枝(リター)として地表部に還元する.その結果,地表部は無機養分や腐植物質に富む表土を発達させる.したがって,森林と土壌には密接な相互作用があり,樹木(下層植生も含む)の成長や分布はその地域に存在する土壌の種類と深い関わりをもっている.

ⅱ)日本の森林土壌と土壌図より得られる情報　森林土壌を掘ってその断面を調査してみると,土壌はいくつかの層位に区分できることがわかる(図2.6).層位名は上より,リターの堆積腐植により構成されるA_0層,腐植に富んだ鉱質土壌であるA層,腐植をあまり含まず褐色から暗褐色を呈するB層,土壌の発達する無機的材料層であるC層に区別される.A_0層はL(未分解のリター層),F(ある程度分解の進行したリター層),H(肉眼では組織の判別ができないほど分解の進んだリター層)の各層位に区分され,温度や水分環境が好適で微生物による分解の活発な場所では薄く,乾燥しやすいところ,過湿および寒冷なところでは厚く堆積する傾向にある.また,A,B,Cの各層位は土色や構造の発達程度によりA_1,A_2,A_3…のようにさらにいくつかの層位に細分する.なお,A層には土壌の主要成分である鉄が溶脱して灰白色となった層(溶脱層)が出現する場合もある.溶脱層はA層の中に含め,腐植により暗色を呈するA_1層に対してA_2層と呼ぶようになっている.各層位に現れる特徴

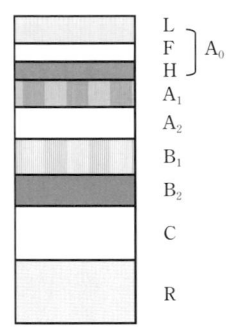

図 2.6　土壌断面の模式図
略号は本文参照.なお,Rは母岩.

表2.3 森林土壌の分類体系[1]

土壌群		土壌亜群		土壌型	亜型	細分例
ポドゾル	P	乾性ポドゾル	P_D	P_{DI}, P_{DII}, P_{DIII}		
		湿性鉄型ポドゾル	$P_{W(i)}$	$P_{W(i)I}$, $P_{W(i)II}$, $P_{W(i)III}$		
		湿性腐植型ポドゾル	$P_{W(h)}$	$P_{W(h)I}$, $P_{W(h)II}$, $P_{W(h)III}$		
褐色森林土	B	褐色森林土	B	B_A, B_B, B_C, B_D, B_E, B_F	$B_{D(d)}$	
		暗色系褐色森林土	dB	dB_D, dB_E	$dB_{D(d)}$	
		赤色系褐色森林土	rB	rB_A, rB_B, rB_C, rB_D	$rB_{D(d)}$	
		黄色系褐色森林土	yB	yB_A, yB_B, yB_C, yB_D, yB_E	$yB_{D(d)}$	
		表層グライ化褐色森林土	gB	gB_B, gB_C, gB_D, gB_E	$gB_{D(d)}$	
赤・黄色土	RY	赤色土	R	R_A, R_B, R_C, R_D	$R_{D(d)}$	
		黄色土	Y	Y_A, Y_B, Y_C, Y_D, Y_E	$Y_{D(d)}$	
		表層グライ系赤・黄色土	gRY	gRY_I, gRY_{II}, gRY_{bI}, gRY_{bII}		
黒色土	Bl	黒色土	Bl	Bl_B, Bl_C, Bl_D, Bl_E, Bl_F	$Bl_{D(d)}$	Bl_{D-m}, Bl_{E-m}
		淡黒色土	lBl	lBl_B, lBl_C, lBl_D, lBl_E, lBl_F		lBl_{D-m}, lBl_{E-m}
暗赤色土	DR	塩基系暗赤色土	eDR	eDR_A, eDR_B, eDR_C, eDR_D, eDR_E	$eDR_{D(d)}$	$\begin{cases} eDR_{D(d)-ca} \\ eDR_{D(d)-mg} \end{cases}$
		非塩基系暗赤色土	dDR	dDR_A, dDR_B, dDR_C, dDR_D, dDR_E	$dDR_{D(d)}$	
		火山系暗赤色土	vDR	vDR_A, vDR_B, vDR_C, vDR_D, vDR_E	$vDR_{D(d)}$	
グライ	G	グライ	G	G		
		偽似グライ	psG	psG		
		グライポドゾル	PG	PG		
泥炭土	Pt	泥炭土	Pt	P_t		
		黒泥土	Mc	M_c		
		泥炭ポドゾル	Pp	P_p		
未熟土	Im	受蝕土	Er			$E_{r-\alpha}$, $E_{r-\beta}$
		未熟土	Im			$\begin{cases} I_{m-g}, I_{m-s} \\ I_{m-cl} \end{cases}$

や配列状況を調べることにより，土壌は様々な種類に分類される．

表2.3に林野土壌分類方式を示した．この分類方式は，日本の森林土壌を調べるときに最も一般的に用いられており，森林土壌は上位のカテゴリーより，土壌群，土壌亜群，土壌型…の順に，順次低位カテゴリーに区分する方式となっている．土壌群は主要な土壌生成作用が同じで土壌断面にみられる特徴的な層位の配列が類似しているもので，ポドゾル，褐色森林土，赤・黄色土などがそれにあたる．土壌亜群は各土壌群の典型的なものと，他の土壌群への移行的な性質をもっているものをさらに区分していて，例えば，褐色森林土と赤・黄色土の中間的な性質をもっている場合には赤色系褐色森林土あるいは黄色系褐色森林土というようにする．また，土壌型は5万分の1土壌図など大縮尺の土壌図の作図単位として基本的なものであり，特徴層位の発達程度や土壌構造などの相違により区分する．基本的には，北海道北部や高山〜亜高山地域には溶脱・集積層の明瞭なポドゾル，本州の山地には褐色のB層が特徴的な褐色森林土，東海地方や西南日本および琉球諸島には赤褐〜黄色のB層をもつ赤・黄色土が主に分布し，地形や地質に応じて黒色土（火山灰母材），暗赤色土（超塩基性岩母材），グライ土（斜面下部や微凹地）などが出現する場合もある．各土壌の特徴の詳細については文献1を参照してほしい．

フィールド調査では，土壌図も大縮尺（5万分の1程度）の地形図や地質図と同じ

スケールで活用するべきであり，その場合，土壌型まで考慮する必要がある．そのとき，覚えておくとよいのがカテナ（catena）という地形に関連する概念で，類似の母材上に異なった土壌が地表の起伏と排水条件に対応して地理的に連続分布する場合，その一連の土壌はカテナあるいはハイドロシークエンス（hydro-sequence）と呼ばれている．林野土壌分類は主として地形に基づく土壌水分環境の相違を判断基準の1つにおいている．表2.3の褐色森林土亜群（B）をみると，褐色森林土亜群は乾性褐色土亜群（細粒状構造型：B_A），乾性褐色森林土（粒状・堅果状構造型：B_B），弱乾性褐色森林土（B_C），適潤性褐色森林土（B_D），弱湿性褐色森林土（B_E），湿性褐色森林土（B_F）に細分される．すなわち，尾根筋の乾燥しやすい場所には B_A や B_C などの乾性型が，斜面下部や凹地などの湿りがちな場所には B_E や B_F などの湿性型が出現する場合が多い．他の土壌群においても基本的にこのカテナの概念が使用されている．また，この概念を用いると，詳細なフィールドの土壌図が入手できなかった場合にも，出現する土壌について地形や地質と組み合わせてある程度の推定が可能となる．同一土壌群の土壌型間では土壌の大まかな養水分環境が緩やかに変化する．例えば褐色森林土の場合，土壌の水分含量，交換性塩基，pH などは乾性褐色森林土（B_A）から湿性褐色森林土（B_F）へ向かい増加する傾向を示すが，逆にA層厚，C/N，交換酸度などは減少する傾向にある．

iii）土壌図の入手方法と利用の留意点　土壌と森林植生には密接な関連のあることから考えると，調査対象地における土壌分布に関する情報を入手することは，地形や地質に関する情報同様に重要なポイントである．まず，予備調査として調査地を含む地域にどのような土壌が分布しているのかを大まかに知っておく必要がある．最も入手しやすいのは20万分の1土壌図であろう．これは，都道府県単位（北海道は8区域）で土壌の分布が記述されているので，フィールドの精密調査というよりは概査に近いものとなる．この土壌図は，土地分類調査結果として地形分類図，表層地質図とともに国土交通省のホームページからアクセスして閲覧可能である（http：//tochi.mlit.go.jp/tockok/tochimizu/catalog.html）．また，印刷物も（財）日本地図センターより復刻版土地分類図として購入でき，広範囲の地形・地質・土壌についての情報を一括して比較検討できるので，フィールドを選定する際に便利である．ただし，土壌分類方式はここで述べた林野土壌分類とは少々異なる部分もあることに注意していただきたい．

なお，地質図ほどではないが5万分の1土壌図についても北海道を除き整備が進んでおり，調査地付近の土壌図が入手できる場合もある．これについても，上述したサイトで公開されているので検索してみることをお勧めする．さらに，国有林の場合には2万分の1縮尺で作成した国有林野土壌図が，各都道府県有林などについてはさらに大縮尺で5000分の1の民有林野適地適木調査土壌図などが整備されているので，営林局や都道県林試に問い合わせしてみるとよい．これらの土壌図は林野土壌分類を基本に作成されている．大学演習林については統一された分類方式による土壌図は作成されていないが，地質同様，論文作成などにより土壌図が作成されている場合もあ

る．しかし，土壌は微地形や植生の違いにより容易に変化するので，フィールド調査結果を土壌条件と関連づける場合には，土壌調査を調査者自ら行うことが基本となる．

(佐藤　冬樹)

引用文献

1) 森林土壌研究会編 (1982)：森林土壌の調べ方とその性質, 林野弘済会.

f.　植　生　図

ⅰ）植生図とは　　植生は，一定の空間における植物群落（plant community）の集合，またその分布を意味する．自然植生は，気温や降水による気象条件，標高や傾斜などの地形条件，地質や土壌などの条件によって一定の様相を呈する．例えば，緯度や標高に沿った常緑広葉樹林から落葉広葉樹林，針葉樹林への変化，水辺では河畔林や海岸林の成立，未熟土壌地のアカマツ林，蛇紋岩地のアカエゾマツ林の成立などがそうである．また火事や台風，卓越風などの自然撹乱，あるいは人間活動による人為撹乱を受けた場合には，その強度によって，樹齢のそろった林分や単一樹種の林分が成立するなど一定の特徴をもった植生が出現する．特に，人為撹乱のもとに成立したものを代償植生（substitute vegetation）という．これらの植生の特徴は，植物群落を構成する種の組成に現れる．また，標高や水分条件などの環境傾度や，人間活動の強い場所からの距離，林分の成立面積の大きさなど植生の分布様式に反映される場合もある．

　植生図（vegetation map）は，植物群落の地理的分布を図化したものである．植生図の表現内容は，主題と表現タイプ（凡例）によって異なってくる．主題は，① 人為的影響のない過去に成立した原植生（original vegetation），② 実在の植生である現存植生（actual vegetation），③ 現在の人間活動を中止した場合にその土地で成立するであろう潜在自然植生（potential natural vegetation）などである．表現タイプには，① 植物群落の相観（physiognomy），② 優占種（dominant species），③ 植物社会学の見地から群集（association）や群団（alliance）を凡例とする方法などがある．

　このように，植生はその土地の様々な条件を反映して様相を変化させている．逆に言うと，植生の情報を手がかりにして，土地の状態をある程度把握することができる．植生図から得られる情報はフィールドの環境を知るための重要な情報源となるのである．

ⅱ）植生図の選択と入手方法　　全国版の植生図として，環境省の「自然環境保全基礎調査」植物社会学的現存植生図，宮脇昭氏らによる『日本植生誌』や『日本植生便覧』の植物社会学的現存植生図や潜在自然植生図がよく知られている．地方では自治体や博物館が独自に作成した植生図も多数ある．大学や国営公園などのフィールド施設でも，独自に植生図を作成している場合がある．また国土地理院の土地利用図，国土交通省の土地分類基本調査土地利用図にも植生の情報がある．これらの植生図は，異なった目的や対象範囲で作成されているので，同じ地域でも植生の記述が異なる場合がある．使用に際しては，利用したい植生図の内容を十分に吟味する必要がある．

これらの植生図の情報検索は，最近ではインターネットを利用するのが効率的であろう．環境省の植生図は（財）自然環境研究センター書籍事業部（http：//www.jwrc.or.jp），国土地理院の土地利用図は（財）日本地図センター（http：//www.jmc.or.jp/index.html），国土交通省の土地分類基本調査は国土交通省土地・水資源局国土調査課のホームページ（http：//tochi.mlit.go.jp/tockok/tochimizu/catalog.html）に入手方法などが記載されている．なお，『日本植生誌』『日本植生便覧』は市販書籍である．また，これらの資料は，地域の図書館や自治体の担当部課に保管されている場合も多い．

iii）植生図の利用　植生図は，様々な情報を提供してくれる．自然観察をする場合には，その地域がおおむねどのような自然条件や自然史をもっているのか，どこに行けばどのような植生をみることができるのかを，事前にしかも広い範囲を対象として知ることができる．研究や調査の場面では，植生図をもとにして，対象地域の選定

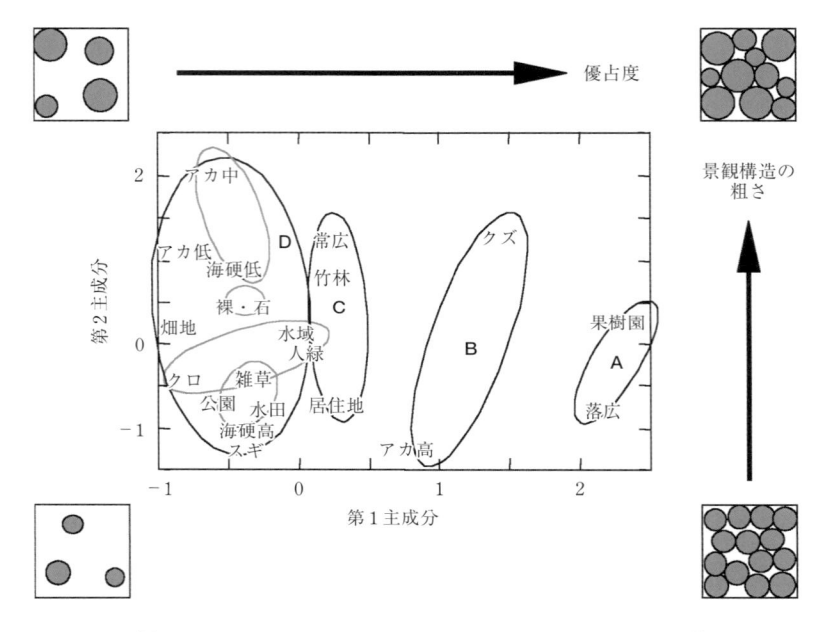

図 2.7　広島県蒲刈町における植生景観のパッチ構造とその解釈[1]
植生型ごとの植生要素（パッチ）の面積，周長，形状指数などの数値を使用し，主成分分析とクラスター分析によって作成した散布図．第1主成分は優占度，第2主成分は景観構造の粗さを示す軸と解釈された．
図中の文字は，植生型の略号を示す．アカ高：アカマツ高木林，アカ中：アカマツ中木林，アカ低：アカマツ低木林，クロ：クロマツ林，常広：常緑広葉樹高木林，海硬高：海岸硬葉樹高木林，海硬低：海岸硬葉樹低木林，落広：落葉広葉樹高木林，スギ：スギ植林，竹林：竹林，果樹園：果樹園，畑地：畑地，水田：水田，クズ：クズ群落，雑草：空き地・埋立て地の雑草群落，人緑：人工緑地，公園：公園・運動場，居住地：居住地，裸・石：裸地・採石場，水域：開放水域．
ABCDの順に面積優占度が高い．人間がつくり出した果樹園とクズ群落は大パッチで存在し，総面積が大きい．天然の落葉広葉樹林とアカマツ高木林は，総面積は大きいが個々のパッチは大きくはない．常緑広葉樹林と竹林は，谷地形の場所に比較的大きなパッチを形成する傾向がある．居住地は狭い低地に小パッチで散在する．アカマツと海岸硬葉樹の高木林は比較的小さなパッチで成立する．中低木林では総面積は小さいが，比較的大きなパッチで存在する．

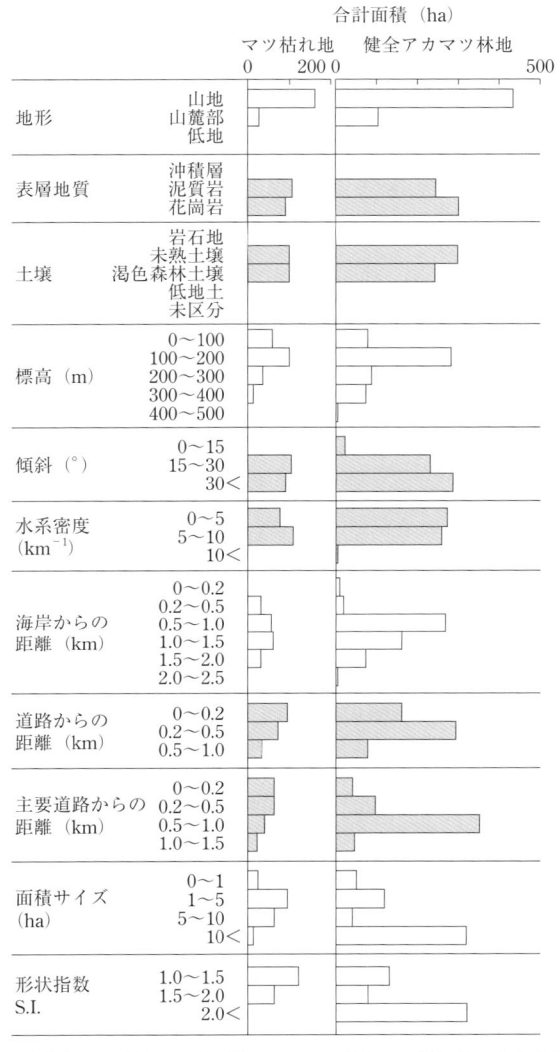

図 2.8 広島県瀬戸田地区における健全アカマツ林とマツ枯れ地の立地条件の比較[2]
網掛けは立地の傾向が異なっている環境要素を示す．

を行ったり，対象地域を含んだより広域の概況を把握することができる．また，植生図そのものが分析対象となる場合もあろう．

　GIS（地理情報システム）[注] などを使った分析から次のようなことが明らかになる．地図上に示された植生の面積や形状と，その植生が受けた攪乱の強度や成立要因の対応関係を知ることができる（図 2.7）．複数の地域の植生を比較すれば，自然条件，人間活動の相違が明らかになる．同一地域の年代の異なる植生図を比較することで，社会環境や人間活動の変化が植生に与えてきた影響が明らかになる．また，地形図や地質図，土壌図，水系密度図などを植生図と重ね合わせて分析すれば，植生を成立させる物理条件を明らかにできる（図 2.8）．さらに，動物の生息情報と合わせて分析

すれば生息地条件を，河川水質の情報と合わせれば集水域土地利用と水質の対応関係を知ることができる．このような研究の事例を参考文献として示したので参照していただきたい．

（池上　佳志）

注）GIS（地理情報システム）
　GISは，地図とそこに示される土地の属性データを管理し，解析するためのソフトウエアである．複数の地図を重ね合わせるマップオーバーレイ解析では，地形や地質と植生の対応関係を分析したり，異なる年代の植生図から植生変化を明らかにしたりすることができる．居住地などから一定の距離の範囲にどのような植生があるかを解析できるバッファー解析を実行すると，人工林や寺社林，耕作地などの分布状況を定量的に分析することができる．

引用文献

1) 池上佳志（2000）：エコトープ要素の定量化指数による植生型の位置づけの検討（5.1節）．学位論文「景観構造の分析とその環境保全計画への適用に関する研究」，pp. 72-77.
2) 池上佳志，中越信和（1998）：立地環境による松枯れ危険度の予測．日本林学会論文集，No. 109, pp. 227-230.

参考文献

池上佳志，小宮圭示（2004）：森林圏マップ・システムの構築とGISを利用した林相図作成．北方森林保全技術，**22**：25-36.
池上佳志，中越信和（1995）：広島県瀬戸田地区の景観構造．広島大学総合科学部紀要IV理系編，**21**：131-144.
鎌田磨人（1996）：山間農村における山地利用と景観の構造．景相生態学入門（沼田　眞編），pp. 86-93，朝倉書店.
Nakagoshi, N. and Ohta, Y. (1992): Factors affecting the dynamics of vegetation in the landscapes of Shimokamagari Island, southwestern Japan. *Landscape Ecology*, **7**: 111-119.
Naugle, D.E., Higgins, K.F., Nusser, S.M. and Johnson, W.C. (1999): Scale-dependent habitat use in three species of prairie wetland birds. *Landscape Ecology*, **14**: 267-276.
越智彩子，池上佳志，中越信和（2000）：都市化にともなう景観構造変化のパッチレベルにおける分析．ランドスケープ研究，**63**：775-778.
Turner, M. G. and Ruscher, C. L. (1988): Changes in landscape patterns in Georgia, USA. *Landscape Ecology*, **1**: 245-251.

g. リモートセンシング

　リモートセンシング（remote sensing）とは，離れた所から直接対象に触れずに，識別したり計測する遠隔探査技術である．ここでは大学演習林での調査を想定して，どのようにリモートセンシング技術を用いるかについて紹介する．なお，リモートセンシングの原理，森林への応用などの詳細については，後掲の参考図書を参照されたい．

　i）リモートセンシングの利点と利用分野　　人工衛星観測を中心とするリモートセンシングの利点は以下の通りである．

　① 広域を周期的に観測する．直下視観測は十数日間，首振り斜め観測は数日観測である．災害発生などに威力を発揮する．
　② 衛星データはデジタル情報であり，コンピュータを使用して客観的に解析できる．同じ手法を用いれば，誰でも同じ結果を導き出せる．
　③ センサの観測波長が人間の目でとらえることのできる可視域を超え，森林の活力度や温度，水分，鉱物資源の違いを識別できる観測波長をもつ．

④ 衛星の観測値と対応する地上の調査データとの関係解析から，土地被覆分類や林分材積などの推定が行え，ビジュアルな主題図（条件検索図や重ね合わせ図など）を出力できる．
⑤ 観測時期の異なる画像の重ね合わせにより，地球規模での環境変化，森林伐採などの土地利用変化をモニタリングできる．
⑥ コンピュータ上で，地理情報システム（GIS）を介して，植生，農業や都市計画などの他分野との情報共有と重ね合わせが可能である．

リモートセンシングの利用分野は，グローバルな陸域・大気・海洋情報の収集，地球規模の環境変動の監視まできわめて多岐にわたる．地域スケールでは土地開発の進展，汚染や噴火などの災害と植生変化の監視などに利用されている．森林分野での利用は，山火事や森林伐採，森林火災などの環境監視や変化箇所の抽出，樹種固有の電磁波の反射特性を利用した林相区分，森林調査簿や地図情報との組合わせによる疎密度区分や材積の推定など，森林資源の現況把握に利用されている．

ii）地上からの対面リモートセンシング　演習林の現地調査に入る前に，全体概要，調査地の絞り込みをする必要がある．既存の情報として，地図や森林調査簿が整備されている．また，大学演習林には，5カ年計画などの教育研究計画書があり，一読すると過去の森林施業の履歴を含め，全体概要が理解できる．

現地に入ると，下から森を見上げることになり林分全体を把握することは難しい．そこで，対面や遠くから調査林分を眺め，地形と林分内容，位置関係をつかむ．演習林が山岳林に位置する場合は，対面から見渡す．車で演習林に向かう途中に全景や一部をみれるポイントがある．演習林内の尾根部や山頂，林道沿いでもみるチャンスがある．平地林の場合は近くの建物や構造物を利用する．図 2.9 は対面の尾根からみた信州大学手良沢山演習林のヒノキ造林地，アカマツ林，二段林の様子である．斜面方位と傾斜，沢や凹凸などの地形情報と林道配置，林相などを地図と見比べて確認すれば，現地に入っても迷うことはない．

iii）空中写真　航空機から撮影された空中写真は森林の履歴を正しくつかむ最適

図 2.9　地上からの対面リモートセンシング（信州大学手良沢山演習林のヒノキ人工林）

表 2.4　空中写真の申し込み

撮影者	撮影区分	販売先	密着写真	2倍引伸ばし
国土地理院	平野部	日本地図センター[*1]	1095 円	2535 円
林野庁	山岳部	日本林業技術協会[*2]	1095 円	2535 円

[*1]：日本地図センター 空中写真部　〒153 目黒区青葉台 4-9-6　Tel 03-3485-5415　Fax 03-3465-7689
[*2]：日本林業技術協会 空中写真室　〒102 千代田区六番町 7 番地　Tel 03-3261-6952　Fax 03-3261-3044

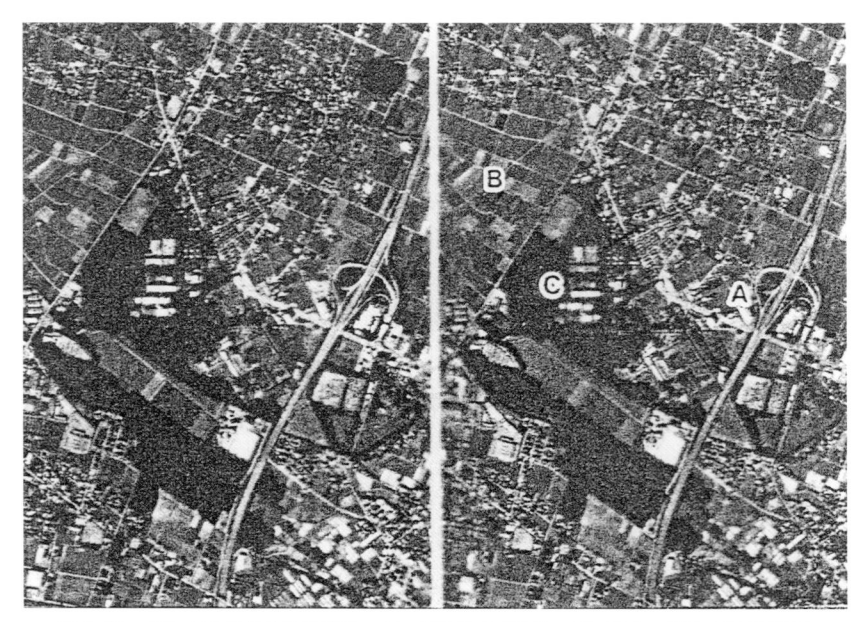

図 2.10　1998 年の信州大学農学部ステレオ写真（1998 年 10 月 25 日，撮影 国土地理院）

の資料である．戦後の米軍が撮影した写真から，現在に至るまで国土の隅々を定期的に撮影している．撮影の間隔は約 5 年おきである．市街地に近い里山は，国土地理院撮影担当で販売は（財）日本地図センター，山間部は林野庁撮影で（社）日本林業技術協会に問い合わせて，申し込むとよい（表 2.4）．購入した過去の写真をみることによって，森の履歴を知ることができる．図 2.10 は 1998 年撮影の信州大学農学部である．写真はステレオ（立体写真）にセットしている．高速道路とインターチェンジ（A）が近くにあり，周囲は耕地（B）に囲まれ，キャンパスは森林（C：構内演習林）に囲まれている．アカマツ，ヒノキ，カラマツを中心とした樹木は林齢 60 年生前後にあるため，キメが粗く，大径木になっている．また樹種の違いで色調に変化がみられる．写真を利用することで，過去から現在に至る森林の履歴を知ることができ，今後の森林管理の指針を与えてくれる．

　空中写真はアナログ情報であるが，スキャナによりデジタル変換し，リモートセンシング画像処理ソフトを用いてゆがみを補正して，簡易オルソ（正射写真）画像を作成できる．地図のように扱って面積計算や境界測定に用いたり，他の地図情報と組み合わせて再利用する事例が増えている．

iv）**人工衛星**　対象物から反射または放射される電磁波（可視域から近赤外域，中間赤外域，短波長赤外域，マイクロ波までの範囲）を受ける装置をセンサと呼ぶ．センサは航空機や人工衛星などに搭載され地球の様子を観測する．センサによって観測された電磁波の反射値はデジタルで記録され，コンピュータで解析できる．土地被覆分類や林相区分など地表の対象物が識別できるのは，「すべての物体は種固有の電磁波の反射特性を有する」ことに起因している．樹種の反射特性では，針葉樹が低くなり，広葉樹が高くなる．また，反射値はいずれの波長帯においても低い順にエゾマツ，トドマツ，カラマツ，ストローブマツ，広葉樹の並びになり，モード（最頻値）は重ならない（図2.11）．この違いを利用して樹種分類をしたり，観測波長をカラー合成すると異なる色として表示され，林相の違いを判読したり，林班や小班区画などの地図情報と重ねることで位置情報もつかむことができる（図2.12）．

森林分野で利用されている衛星について表2.5に概要を示す．コンピュータをはじめとするITの技術革新は著しく，リモートセンシング技術も進展した．地球観測衛星の空間解像力は1972年に80mであったものが，1990年代に10m以下となり，冷戦崩壊により1999年には1mレベルの高分解能の商業衛星イコノス（IKONOS）が打ち上げられ，販売開始された．これによって，空中写真並みの詳細な森林情報の取得が可能となり，広域観測と合わせ衛星利用が一段と進んでいる．国産衛星は2006年1月に空間分解能2.5m，ステレオ観測などの機能をもつエイロス（ALOS）衛星が打ち上げられた．なお，人工衛星データの入手に関する問い合わせは，（財）リモートセンシング技術センター（http://www.restec.or.jp/）で行っている．

v）**航空機センサ**　人工衛星に搭載されているセンサを含め，様々な種類のセンシング技術を航空機に搭載して森林観測することが増えている．人工衛星と比較した場合，以下の利点がある．

・撮影時期に制限を受けないため機動性がある．災害時などに威力を発揮する．

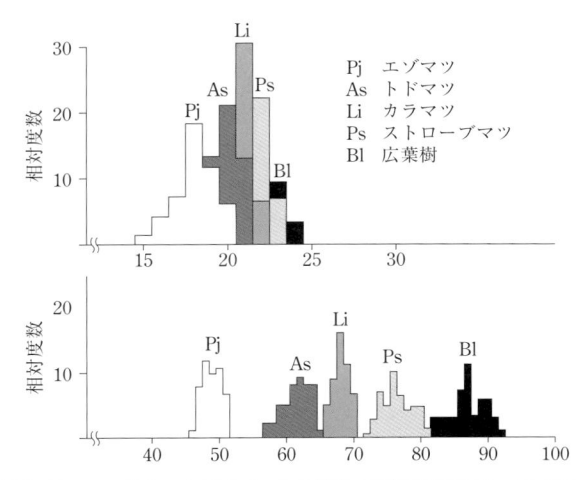

図2.11　ランドサットTMデータの樹種の反射輝度値のヒストグラム
上図がTM 3バンド（可視域赤色），下図がTM 4バンド（近赤外域）．

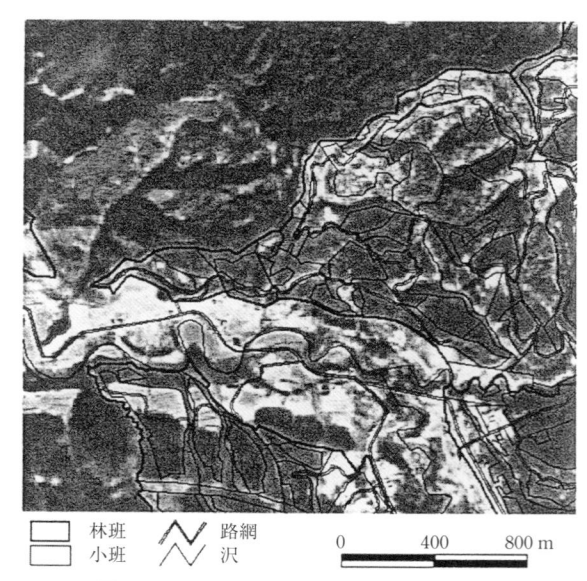

図 2.12 衛星データによる境界確認と林相判読
合成カラー画像による林相判読と小班区画の重ね合わせ．

表 2.5 森林分野で利用されている衛星

衛星名（打ち上げ年）	センサ	バンド数	空間分解能	観測幅
NOAA シリーズ	AVHRR	4	1 km	2700 km
LANDSAT-1 (1972)	MSS	4	80 m	185 km
LANDSAT-4 (1982), -5 (1984)	TM, MSS	7	30 m	185 km
LANDSAT-7 (1999)（米国）	ETM+	7, 1	30 m, 15 m	185 km
SPOT-1 (1986), -2 (1990), -3 (1993)	HRV	3, 1	20 m, 10 m	60 km
SPOT-4 (1998)（フランス）	HRVIR	4, 1	20 m, 10 m	60 km
IRS-1C (1995) -1D (1997)（インド）	LISS, PAN	4, 1	23.4 m, 5.8 m	140 km, 70 km
EOS-Terra (1999)（米国）	ASTER	3, 6, 5	15 m, 30 m, 90 m	60 km
IKONOS (1999)	PAN, Multi	4, 1	4 m, 1 m	11 km
Quick Bird (2001)	PAN, Multi	4, 1	2.5 m, 0.6 m	16.5 m
OrbView-3 (2003)	PAN, Multi	4, 1	4 m, 1 m	8 km
ALOS (2006)（日本）	PRISM AVNIR-2 PALSAR	1 立体視 4 1	2.5 m 10 m 10 m ～ 100 m	35 ～ 70 km 70 km 70 ～ 350 km

・空間分解能力は撮影高度によって可変であり，50 cm 以下が期待できる．空中写真の完全代用が可能である（図 2.13，図 2.14）．
・利用できるものとして，ハイパースペクトルセンサ，ライダー，マルチラインセンサ，合成開口レーダ，赤外線センサなどがある．

- ハイパー（多波長）スペクトルセンサの場合，狭い観測幅で連続的に数百の波長帯数で観測するため，複雑で多様な対象物の識別や無限に近い組合わせのカラー画像による主題図作成が可能である．
- ライダー（LiDAR）は，地形や構造物をレーザーにより3次元計測する．直下の地表面標高を引くことにより樹高データや樹冠の凹凸画像を得ることができる．

航空機搭載センサの課題としては，撮影範囲がスポット撮影になること，撮影経費が数百万円/回と高いこと，データ処理と信頼性がセンサを所持する航測会社に依存すること，大量のデータ処理と新たな解析手法の開発などがある．また，多段階リモートセンシングとして，人工衛星データとの組合わせと融合技術も必要になる．

〔加藤　正人〕

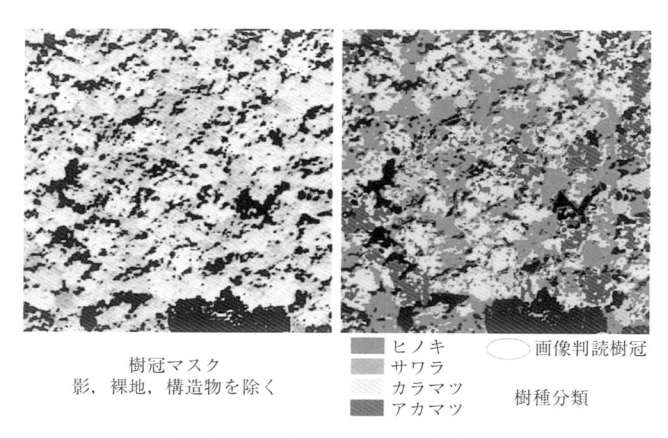

図2.13　航空機センサデータの樹種分類

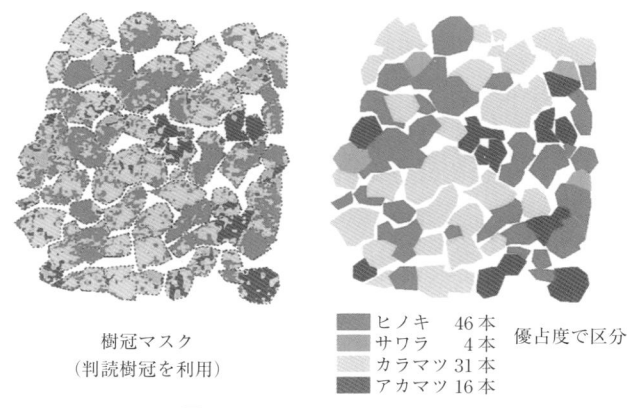

図2.14　樹種別樹冠情報の抽出

参 考 文 献

加藤正人編著（2004）：森林リモートセンシング—基礎から応用まで—，272 pp，日本林業調査会．

3. フィールド調査における調査方法の選択

はじめに

　森林フィールドサイエンスでは，動植物だけではなく環境や土壌，人間活動などが調査対象となる．また植物群落を対象とする場合でも，群落構造や植生遷移，水循環，物質生産など，調査目的も様々である．本章では，森林フィールドの物理的環境や生物群集についての自然科学的な調査と人間活動に関する社会学・経済学的な調査について，調査目的や調査対象にあった調査方法を選択する際に留意すべき点やそれぞれの調査方法によって何がわかるのかといったことにふれながら，森林フィールド調査で用いられる調査方法の概要を説明する．

（丹下　健）

3.1　気象

　気象とは「大気圏の諸現象」のことであり，人間生活と最も深く関わっている環境要素の1つである．紀元前340年にはアリストテレスが『meteorologica』という気象現象に関する本を出版し，16世紀にはこの書名から気象学（meteorology）という用語が誕生した．気象はこのように古くから人間生活と密接に関わってきたため，世界標準の気象観測方法が整備される一方で，対象とするフィールド，スケール，目的などによって特有の気象観測方法が採用されている．

　気象観測には，衛星気象，レーダー気象，高層気象，一般気象，微気象などの観測がある．これらのうち，フィールドにおける気象観測は，一般気象観測と微気象観測に分けられる．一般気象観測とは，気象庁による地上気象観測のように地域の空間的代表性を有する気象観測を目指すものであり，世界標準の観測方法を適用することが基本である．一方，微気象観測は，地表面や群落の状態を含む観測地の微細な気象（例えば，地温や葉温，反射など）の観測を目指すものであり，対象とする現象に固有の観測方法が適用される．一般気象観測は，観測地の気候を把握し，研究成果の一般化，あるいは他地域との比較などを行うために必要であり，微気象観測は観測地の生態系などの動態を把握する上で必要である．フィールドにおける気象観測では，この両者の特性を把握し，実践する必要がある．

a.　一般気象観測

　一般気象観測の基本は，気象庁が行っている地上気象観測と地域気象観測である．地上気象観測は，気圧，気温，湿度，風（風向，風速），日照時間，全天日射量，降水量，積雪深，天気，大気現象，視程，雲（量，形）などの観測で，全国約150カ所の気象官署などにおいて観測されている．地域気象観測は，全国の気象状況をさらに

詳細に把握するために自動気象観測システム AMeDAS を用いて実施されている気象観測で，現在，約 1300 カ所で降水量の観測が行われており，このうち約 850 カ所では降水量，気温，風（風向，風速），日照時間の 4 要素が観測されている．

一般気象観測は，観測地付近を空間的に代表することができる露場で実施する．露場は，建物や樹木などの陰にならない平坦な開けた場所に芝を植え，通風のよい柵で囲うことを基本とし，次の条件を満たすことが望ましいとされている（図 3.1，図 3.2 参照）．

① 1 辺の長さが 20 m 以上で，600 m^2 以上が望ましい（例 AMeDAS の場合 70 m^2 以上の面積を確保）．
② 露場から建物や樹木までの距離は，建物や樹木の高さから 1.5 m を引いた値の 3 倍以上，または露場から 10 m 以上．
③ 露場の中央部の 1.5 m 高さから周囲の建物や樹木に対する平均仰角 18°以下．

気象庁は，地上気象観測の観測精度や資料の均質性を維持するため，世界気象機関 WMO（World Meteorological Organization）の国際基準に基づく地上気象観測指針，気象測器取扱指針，地上気象観測統計指針などに従って，観測施設，測器，観測要素・方法，観測値の整理方法を統一している．気象庁以外の政府機関や地方公共団体が気象観測を行う場合も，教育研究のための気象観測と国土交通省令による気象観測を除いて，これらの指針に従わなければならない（気象業務法）．それ以外の機関が気象観測を行う場合も，これらの指針に従うことが望ましい．

気象庁の気象観測データは，(財)気象業務支援センター（http：//www.jmbsc.or.jp/）が，気象庁月報など約 50 種類の気象データベースとして整理し，CD‒ROM などの媒体で頒布している．気象庁のほかに，国や地方公共団体により全国の約 1 万 2000 地点で一般気象観測が行われている．ただし，森林における一般気象観測データは十分でないことから，全国大学演習林協議会では森林における気象データベースを構築し，インターネットに公開している（http：//forcen01.forest.kyushu-u.ac.jp/Kenkyu/ltfhr/）．森林において一般気象観測を行う場合，これらの気象観測データを

図 3.1 平地における気象観測露場
　　　（九州大学福岡演習林本部）

図 3.2 山地尾根部の気象観測露場
　　　（九州大学福岡演習林御手洗水流域）

b. 微気象観測

微気象観測では，一般気象では観測されない長波放射や乱流変動などの大気圏の現象や，地温やアルベドなどの地圏の現象，水温や貯熱量などの水圏の現象，葉温や蒸散量などの生物圏の現象など，観測地の土壌，植生，地形の影響を含めた微細な気象を観測する．ここでは，日射を例にとり，微気象観測について解説する．

日射は近年様々な分野において基本環境要素として位置づけられている．しかし，観測の歴史が短いため，用語や概念は分野によって異なり，統一されていない．日射の複雑さは，他の気象要素と比較するとわかりやすい．温度や水蒸気圧がスカラー量であるのに対し，日射は方向を有するベクトル量である．また，日射は放射フラックス密度，光量子フラックス密度，照度など様々な指標で表されるうえに，波長によって特性が大きく異なるという分光特性を有している．さらに，日射は照射時間によって生物活動に大きな影響を与える．したがって，日射を考える際には，量，質，方向，時間の4つの側面を念頭におく必要がある．

図3.3は大気外および地表の水平面における日射の分光放射フラックス密度を示したものである．図に示すように，大気外および地表に到達する日射は波長約500 nmにピークをもつ分光特性を有し，このパターンは天候によってほとんど変化しない．しかし，植物は光合成有効放射域（400〜700 nm）の放射を選択的に吸収するため，群落の反射日射および透過日射の分光特性は群落構造によって大きく変化するので注意が必要である．

地表面に到達する日射（波長：0.3〜4 μm）は，直達日射と散乱日射の成分を有し，両者を合わせたものを全天日射という．全天日射量（全短波放射フラックス密度）は次式で与えられる．

$$S_t = S_o \sin h_o + S_d$$

ここで，S_t は全天日射量（W·m^{-2}），S_o は直達日射量（W·m^{-2}），S_d は散乱日射量（W·m^{-2}），h_o は太陽高度である．これらの要素は，全天日射計，直達日射計，遮光

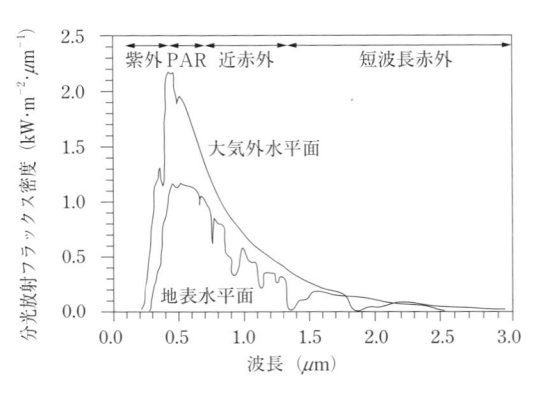

図3.3 日射の分光放射特性

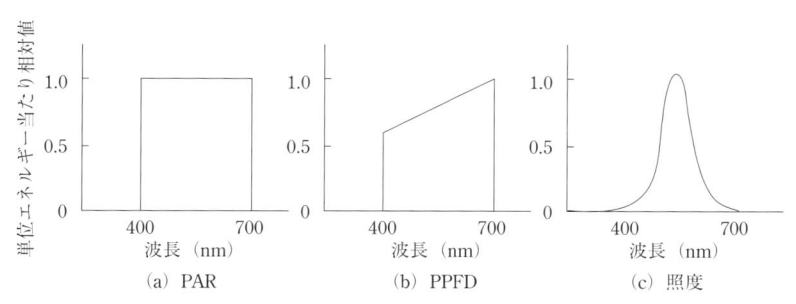

図 3.4 PAR 波長域における単位エネルギー当たり相対値

バンドを取り付けた全天日射計で測定される．地表面からの反射日射は，全天日射計を逆さに取り付けて測定するか，上下に全天日射計が取り付けられたアルベドメータで測定される．日射計は，日射エネルギーの電気への変換方式によって熱型と量子型に大別される．

　生物を対象とした場合，日射を波長域別に考えなければならないことが多い．その中でも，光合成有効波長域（400〜700 nm）の放射は植物の光合成と直接関与するため，全天日射とともに重要な微気象要素として位置づけられている．光合成有効波長域の放射エネルギーは光合成有効放射 PAR（photosynthetically active radiation）と呼ばれ，単位は $W \cdot m^{-2}$ で表される．光合成は光子のエネルギーではなく光子数に依存するので，光合成に関して検討する場合には光合成有効光量子フラックス密度 PPFD（photosynthetic photon flux density）を指標とした方が適切である．PPFD は量子型の光量子センサーで測定され，単位は $\mu mol \cdot m^{-2} \cdot s^{-1}$ で表される．なお，光量子センサーが普及するまでは，照度計による照度（単位：lux）が PPFD の指標として用いられてきた．しかし，照度は可視域 380〜780nm を対象に人間の視感度をフィルタにかけた放射強度を示す指標であるため，PPFD とは必ずしも一致しない．したがって，光環境の指標としての PAR，PPFD，照度を使用する場合は，それぞれの特性を十分に把握した上で，使用目的に応じた指標を観測すべきである（図 3.4）．

　このように，微気象観測は標準的な観測方法が定着しておらず，研究の進展に伴って変化している．観測の歴史の古い気象観測要素に関しては標準的なセンサーや観測方法が定着しているが，観測の歴史が新しい気象観測要素に関しては，次々に新しいセンサーや観測方法が提案されている．したがって，微気象観測を実施する場合，対象とする気象観測要素に関する近年の研究動向を把握しておく必要がある．

〔大槻　恭一〕

参 考 文 献

日本農業気象学会編（1988）：新訂 農業気象の測器と測定法，農業技術協会．
牛山素行編（2000）：身近な気象・気候調査の基礎，古今書院．
森林立地調査法編集委員会編（1999）：森林立地調査法，博友社．
気象庁（2002）：地上気象観測指針，気象業務支援センター．
気象庁（1998）：気象観測の手引き，気象業務支援センター．

3.2 森林土壌

　森林生態系（forest ecosystem）を構成する，樹木をはじめとする各種植物はもちろんのことそこに生息する各種土壌動物や無数の微生物は，その生存を直接・間接的に土壌に依存している．そのため，土壌は森林生態系の成立基盤であると考えられている．

　それらの森林土壌が実際にどのような性質や特徴をもつか明らかにするためには，フィールドにおいて試孔（soil pit）を掘り，土壌断面（soil profile）を作成し，その形態的特徴などを観察，記載するとともに，必要に応じて試料を採取して化学的および物理的性質について分析を行う．

a. 土壌生成過程と立地環境

　火成岩，水成岩，変成岩などの岩石を構成する造岩鉱物（rock forming mineral）は，地表のような環境条件下では物理的風化作用によって細片化するとともに，化学的風化作用により分解・変質する．その結果，1：1型，2：1型，混層型，非晶質などの粘土鉱物（clay mineral），および Fe, Al などの含水酸化物，すなわち遊離酸化物（free oxide）などの二次鉱物（secondary mineral）が生成される．そのような風化過程と同時並行的に，それら造岩鉱物や二次鉱物などからなる混合堆積物に，菌類，藻類などの微生物，ミミズ，ヤスデ，トビムシなどの土壌動物，さらには各種蘚苔類，草本類，低木および高木などの植物が次々と侵入してすみ着き各種生命活動を行うとともに，それらの遺体が土壌に還元されるとその分解過程で腐植の生成や集積が進行する．以上のような諸過程により層位分化や特徴層位の形成，すなわち，土壌生成作用（soil forming process）が進行する．

　それら一連の過程は一般に次式によって表される．

$$S = \int (pm, bi, cl, to)\, dT$$

ここで，S は土壌（soil），pm は母材（岩石など，parent material），bi は生物（biology），cl は気候（climate），to は地形（topography），T は時間（time）を表す．

　それらの土壌生成因子（soil forming factor）の関与の程度は立地環境によって異なることから，それらの相互作用によって生成される土壌も立地環境ごとにそれぞれ組成や性質の異なったものが生成される．また逆に，土壌の各種性質を調べることによって，その土壌がどのような立地環境において生成されたかも推測することが可能である．

b. 土壌断面調査

　断面調査は，土壌生成過程のみならず土壌の物理的・化学的性質や生産力，さらには土壌分類の研究のために必要な情報を提供する．

　i）断面の設定　土壌の生成や分布と密接な関係を有する立地環境条件を勘案して，調査目的に適う箇所を選定し，幅 1 m，深さ 1〜1.5 m あるいは基岩までの深さの断面を作成する．土壌断面調査はあらゆる土壌研究の出発点であるから，調査地の選定は慎重に行わなければならない．

ii) 層位の区分

1) 有機物層（A_0層）： 土壌に還元された落葉落枝などの有機物は土壌動物や微生物により分解され無機化する．それらは，新鮮な落葉落枝からなるL層，それらの原形が認められない程度まで腐朽したF層，および植物組織が認められない程度まで腐朽したH層に区分される．一般に，乾燥しやすい所や過湿になりやすい所，および寒冷な所では有機物分解が阻害されるため有機物層が厚く発達する．

2) 鉱質土層： 一般に，A_0層に由来する腐植の集積により暗色〜黒褐色を呈し，生物の影響を強く受け比較的膨軟なA層（表層），遊離酸化鉄により黄褐〜赤褐色などを呈し，A層とC層の中間層であるB層，岩石の風化物からなり生物の影響がほとんどなく比較的淡色を呈するC層（母材層）に区分し，必要に応じてさらにそれらを細分する．それら層位の区分，細分に際しては，以下のiv)に述べる形態的特徴などを参考にする．

また特殊なものとしては，ポドゾル化作用により生成される灰白色の溶脱層や暗赤褐色の集積層，あるいは地下水の影響を受けて灰青色ないし暗緑色を呈するグライ層などがある．

3) 有機質土層： 沼沢地などにおいて，植物遺体が過湿のため分解不十分のまま厚く堆積した有機物のみからなるものは，泥炭土あるいは黒泥土として区分する．

iii) 断面のスケッチ　断面内のすべての形態的特徴をできるだけ写実的にスケッチする．層位の境界部の平坦，波状，不規則，不連続などの形状の違いは，断面内での水分の移動や母岩の風化の進行の不規則性，土壌動物や植物根による攪乱，あるいは母材の移動堆積などが不規則であったことなどを反映する．一般に土壌断面の肉眼による観察では，写真などでは表現しえない数多くの貴重な情報を得ることが可能である．

iv) 断面形態の観察　区分された各層位について以下のような項目について調べる．調査方法などの詳細は後掲の専門書を参照されたい．

1) 水湿状態： 土壌の孔隙内などに保持されている水分の負圧の大きさにより，乾，潤，湿などに区分する．植物の分布や成長を一義的に支配する要因の1つである．直前の降雨の影響を残していることもあるが，地形や後述する土壌構造なども参考にして，平均的な水湿状態を推定する．

2) 土　色： 土色帖により判定する．黒色系統の色は腐植の集積量や質を，赤色〜褐色〜黄色系統の色は遊離酸化鉄の集積量や結晶水の脱水の程度を反映する．過湿気味の土壌では有機物の分解が不良であるため黒色味が強くなる．褐色は結晶水の多い遊離酸化鉄に，赤色や黄色は地質学的過去の温暖期に生成された脱水の進んだ遊離酸化鉄に由来する．また，灰色系統の色は，主として遊離酸化鉄が有機酸あるいは還元作用により溶脱されたことに由来する．

3) 腐　植： 暗色の程度により腐植の集積量を推定する．一般に腐植の集積量が多い土壌ほど肥沃と考えられているが，火山灰を母材とする多量の腐植の集積した黒色土や，過湿などが原因で有機物の分解が不良となり黒色味の増した土壌は例外とさ

れている．正確な含有率は実験室での化学分析による．腐植含有量が20％以上のものは「腐植土」とする．

4) 土　性：　砂，微砂，粘土画分がそれぞれどのくらい含まれているかを指の間で揉んだ触感で判定する．粒径組成ともいわれる．母材の種類やその風化程度に大きく左右される．植物の成長に密接な関連を有する土壌の通気性や透水性，および後述する土壌構造の形成や化学的性質に大きな影響を与える．正確な土性の判定は実験室での器械的分析による．

5) 堅密度：　指で土層を押したときの抵抗で判別する．母材の種類や風化の程度，および後述する母材の堆積様式などの影響を強く反映する．山中式硬度計を用いる方法もあり簡便で客観性や再現性に優れているが，石礫や根茎の多い土層では測定が困難である．山中式測定値（単位 mm）は抵抗値（$kgf \cdot cm^{-2}$）へ換算が可能である．堅密度区分と山中式測定値との関係はおおよそ次の通りである．

　　　　すこぶるしょう（鬆）：5未満，しょう（鬆）：5〜10，軟：10〜20，
　　　　堅：20〜25，すこぶる堅：25以上

6) 土壌構造：　土層内にみられる自然的土壌集合体の大きさ，形状，堅さなどで区分する．その形成過程は，土壌動物や植物根の作用，乾燥・湿潤や凍結・融解の繰り返しなどにより，全体的に緻密な壁状の土壌が小さな土塊に壊変する過程と，土壌粒子が有機・無機コロイドを結合物質として集合体に形成される過程に大別される．粒状，堅果状などは乾燥系の土壌を，塊状，団粒状などは湿潤系の土壌を指標する．

7) 孔　隙：　土塊を割った面における孔隙の種類，形状，大きさ，および分布割合などを調べる．土壌動物の通過跡，植物根の腐朽跡，クラックなどにより形成される．土層の通気性や透水性などに大きな影響を与えるほか，土壌動物の活性度や根系の腐朽要因の強弱の判定などに用いられる．

8) 溶脱・集積：　溶脱・集積を受けている物質の種類，溶脱や集積の形状，大きさ，色，鮮明度，および量（面積比率）などを調べる．ポドゾル化作用などの有機酸による溶解作用では Fe，Al，Mn などの遊離酸化物が溶脱・集積し，グライ化作用のような還元作用では Fe，Mn などの遊離酸化物が溶脱・集積する．

　また，粘土画分の移動・集積は，わが国では一部の地質学的に古い土壌以外ではほとんどみられないが，大陸の土壌分類に際しては重要である．

9) 石　礫：　岩石の種類とともに，形状（角礫，亜角礫，円礫），大きさ，含有量（面積比率），および風化の程度などを調べる．岩石の種類や含有量および風化の程度は土壌の理学性や化学性と密接な関連を有するし，形状は後述する母材の堆積様式とも密接に関連する．表層地質図などによる基岩が必ずしもそこの土壌の主要な母岩になっているとは限らないので，土層内の岩石の同定は重要である．

10) 根　系：　木本類と草本類に分け，それぞれの径級ごとの量（面積比率）を調べる．断面内の根系の分布状態は土壌の理学性や化学性をよく反映する．徐々に減少しながら土層深くまで分布している場合は一般に理化学性に問題ない土壌と考えられるが，全層的に極端に少ないもの，ある深さのところで急激に増減するもの，表層の

みに集中するものなどは要注意であり，その特徴を的確に記載するとともにその要因を追究する．

11) 菌根・菌糸： 外生菌根による菌糸束，菌糸塊，および菌糸網層（灰白色海綿状）などの分布状態，発達程度，菌糸臭などを調べる．菌根や菌糸は比較的乾燥系の土壌でよく発達し，極端な場合ははっ（撥）水性のきわめて強い菌糸網層を形成する．

12) 堆積様式： 土壌の母材がどのような過程を経てそこに堆積したかを調べる．残積，匍行，崩積などの堆積様式は，土壌の水分および養分の流亡や流入を一義的に支配する斜面地形と密接な関連があり，土壌の各種理学性や化学性ときわめて高い相関関係を有する．

以上の断面形態の観察項目を主な目的別に区分すると表3.1の通りである．

表 3.1 断面形態の観察項目の目的別区分

目　的	観　察　項　目
土壌型判定	水湿状態，土色，腐植，土壌構造，溶脱・集積，菌根・菌糸
物理性指標	水湿状態，土色，土性，堅密度，土壌構造，孔隙，溶脱・集積，石礫，根系，菌根・菌糸，堆積様式
化学性指標	土色，腐植，土性，土壌構造，溶脱・集積，根系，堆積様式

v) 調査地の概況他　　調査地名，林小班名，標高，傾斜，方位，地形，気象，地質などを，付近の見取り図，調査年月日，調査者などとともに記載する．また，調査箇所を中心とする $100 \sim 400 \text{ m}^2$ の方形区内の高木，亜高木，低木，草本，地床階におけるそれぞれの種名，優占度，成長状態などを調べる．

c. 土壌の化学性

土壌の化学的性質を調べるためには，一般に土壌断面から採取した試料を風乾し，2 mm の円孔篩で礫や根と篩別した細土（fine soil）を用いて分析する．多岐にわたる化学分析項目を主な目的ごとに区分すると以下の通りである．なお，具体的な分析手順などについては専門書を参照されたい．

i) 母材や土壌生成作用などの判定

1) 無機成分： 一般に，土壌や土壌から分離した粘土画分の無機成分をすべて定量する全分析や，シリカとアルミナとを分離定量する方法が用いられる．前者は土壌の出発物質である母岩の種類や無機成分量の判定に，また，後者ではシリカとアルミナの分子比（SiO_2/Al_2O_3）から，粘土生成作用やアリット化作用の進行程度，すなわち風化作用や土壌生成作用の進行程度の判定に用いられる．

2) 塩基交換容量： 土壌，特に粘土画分の塩基交換容量の大きさにより，主要な粘土鉱物の大まかな種類の推定が可能であり，母材の種類やその風化の程度の判定に用いられる．

ii) 植物栄養関係の判定

1) 炭素・窒素，C/N 比： 炭素や窒素の分析により土壌中の正確な有機物や多量元素の1つである窒素の含有率を判定するとともに，それらの含有率の比率（C/N

比）は有機物分解の進行程度や腐植の可給態化の程度などを判定する尺度として用いられる．

2) **土壌反応**： 土壌中における各種無機養分の可給性はpHと密接な関係があり，一般に弱酸性〜微アルカリ性において可給性が高いので，pH値を知ることにより大まかな栄養状態を知ることができる．

3) **置換酸度・加水酸度**： 不飽和の有機・無機膠質物に塩化カリのような中性塩を加えて生じる酸度が置換酸度であり，酢酸カルシウムのような弱酸塩を加えて生じる酸度を加水酸度という．それゆえ，土壌が酸性化する初期に現れるのが加水酸度であり，その程度が進行すると置換酸度が発現する．わが国の森林土壌の場合には，一般に酸性化が進行しているために置換酸度が用いられる．

4) **交換性塩基・塩基飽和度**： 交換性塩基量はCa，Mg，Kなどの植物に必須な要素がイオンとして土壌膠質物に吸着されている量を指標し，塩基飽和度はそれらの塩基類の植物の利用に対する有効性を指標する．

5) **可給態リン酸**： 土壌中のリン酸は遊離酸化鉄やアルミニウム，あるいはアロフェンなどと不可逆的に結合し難溶性になっているものが多いので，植物に利用可能な可給態リン酸を選択的に分離定量することが大切である．火山灰土壌や赤黄色土壌では可給態リン酸がきわめて少ないので，植物は常時リン酸不足の状態にあると考えられている．

d. 土壌の物理性

土壌の透水性や保水性，通気性，およびそれらを左右する粒径組成（土性），三相組成，孔隙組成，最大容水量，最小容気量，堅密度などを一般に土壌の物理的性質と呼ぶ．なかでも土壌中に存在する大小様々な孔隙は，水が保持される場であるとともに空気の通り道でもあるところから，土壌水分状態は孔隙組成と密接な関係にある．ここでは，植物の成長や土壌生物の生存に密接な関連のある土壌の透水性や保水性，通気性の評価について紹介する．具体的な測定手順については後掲の専門書を参照されたい．

ⅰ) **透水性評価** 透水性の良否は，強い降雨があったときに地表流が発生するかどうかなど水源涵養機能の根幹に関わる要因であり，表土侵食の危険性評価に必要な情報でもある．森林土壌の透水性は，採土円筒で採取した不攪乱試料（以下，採土円筒試料）を飽水させ一定の水圧をかけたときの透水速度で評価するのが通常である．実際の林地の土壌中には，不飽和浸透流やパイプフローなど，実験条件とは異なる水の流れがあり，また尾根などの乾燥地形の土壌では著しいはっ水性を示す土壌もみられるなど，必ずしも実験室で得られた透水速度が現地での透水性を的確に表しているとは限らないので注意が必要である．農地や緑地では現場で透水試験器による測定が行われているが，傾斜のある林地への適用は困難な場合が多い．

ⅱ) **保水性評価** 土壌中の水は，孔隙サイズに応じたマトリックポテンシャル（負圧）で保持されており，土壌の保水性は土壌中の孔隙がどのようなサイズ組成をもっているかを調べることで評価することができる．飽水させた採土円筒試料を加圧

板脱水装置に入れ，適当な間隔で圧力を順次高くしながら排出された水量の測定を繰り返し，マトリックポテンシャル階ごとの体積含水率を求めることにより，土壌中の孔隙の存在量をサイズ別に求めることができる．この方法では，$-1 \sim -1500$ kPa の範囲のマトリックポテンシャルの測定が可能である．$-0.3 \sim -5$ kPa 程度の比較的高いマトリックポテンシャルを詳細に測定するには砂柱法が用いられる．

iii）通気性評価　通気性は水で満たされていない孔隙の連続性によって発揮される性質であり，一般に水ポテンシャルが低く乾燥しているほど通気性が高い．団粒構造や塊状構造が発達し粗大な孔隙が比較的多い土壌や砂質な土壌では，高い水ポテンシャルの状態まで高い通気性が発揮されるが，壁状構造のように，粗大な孔隙に乏しい土壌や埴質な土壌では水ポテンシャルが低くても通気性が低い傾向にある．通気性は，採土円筒試料について水ポテンシャルと通気性の関係を測定し評価する方法や，現地で土壌空気を採取したり，センサーを土壌中に埋設したりして土中酸素濃度を測定し，大気と土壌空気とのガス交換の良否から評価する方法がある．

iv）物理性の面的評価　採土円筒試料の測定によって物理性に関する多くの情報が得られるが，多点の測定には多大な労力が必要である．比較的簡便に物理性に関する情報を得る方法に土壌貫入計による土壌断面の硬度測定がある．土層深度ごとの貫入抵抗値を求め，土壌全体の厚さや土壌深度ごとの硬さの程度や変動を求めることができる．土壌硬度は固相率や容積重と関係が深く，孔隙が多いほど軟らかい傾向にあることから透水性や通気性の指標にもなりうる．測定点をグリッド状に設定することで調査地の有効土層などの物理性を面的に把握することが可能である．ただしこの方法は礫や根の多いところでの正確な測定は困難なことに注意が必要である．

e. 土 壌 侵 食

一般に森林土壌では，最も肥沃な表層土壌が最も侵食で失われやすく，しかもその再生には地質学的長時間を必要とすることから，土壌侵食がその肥沃度の維持・増進に及ぼす影響はきわめて大きい．土壌の侵食量を測定するには，プロット内の侵食による表層土壌の減少量を直接測定する杭打ち法と，侵食により流出する土砂をトラップして測定する土砂堆積量測定法がある．

ⅰ）杭打ち法　細い金属製あるいは木製の杭を調査プロット内に一定の間隔で打ち込み，それらの杭の上端を基準点として地表面の高さの変動を定期的に測定することにより，調査地の地表の侵食や堆積の程度を推定し，計算によって測定地内の土壌侵食量を求める．杭をグリッド状に多数設置することで，地表変動の面的評価も可能になる．

ⅱ）土砂堆積量測定法　土壌侵食を測定するプロットの周囲をプロット外の表流水などが流入しないように隔壁で囲い，プロット斜面の下端に流出土砂採取用のトラップを埋設し，斜面からの流出水や侵食土砂を採取・計測し，単位面積当たりの流出水量と土壌侵食量を算出する．侵食土砂量や流出水量が多いと予測される場合や，大型の貯留タンクの設置が難しい場合，および現地へのアクセスが容易でない場合は，梯子型スロット分流器や回転型スロット分流器が用いられる．　　（八木久義・丹下　健）

参 考 文 献

土壌養分測定法委員会編（1970）：土壌養分分析法，養賢堂．
森林土壌研究会編（1982）：森林土壌の調べ方とその性質，林野弘済会．
八木久義（1994）：熱帯の土壌，国際緑化推進センター．
森林立地調査法編集委員会編（1999）：森林立地調査法，博友社．

3.3 植　　　　　物

a. 森林の構造と動態

日本列島でみられる様々な植生の現況は植生図をみれば，大まかな標徴種や優占種がわかる．本項では，一つ一つの森林の構造や動態を知るための基礎的な調査方法について解説する．

広い森林の中では尾根から谷といった地形の変化や微細な凹凸などによって土壌中の栄養塩や水分など樹木の成長に必要な資源の量に大きな空間的ばらつきがみられる．また風倒や立ち枯れ，さらにはまれに起きる台風や山火事，地すべりなどによる大きな攪乱などによって暗い森林内に様々なサイズの明るいギャップ（隙間）が形成される．このような様々な規模の攪乱は多くの樹種の更新を促進し，森林の構造やその動態に大きな影響を与える．このように，空間的にも時間的にも大きく変化する森林の構造は小面積・短期間の調査では把握しにくい．信頼できる解析を行うには，大面積の永久調査区を設定し長期的な継続調査が必要とされる．

i ）永久調査区の設定　　奥地の老熟した天然林でも過去に伐採されている場合があるので，まず調査対象林分の管理履歴を調べる．次に，森の周囲を広く踏査する．耕地や人工林などが隣接している場合は，そこからの辺縁効果（edge effects）があるので，林縁から100 mほど離して調査区を設定する．調査区は大きいほどデータの信頼性が高く，パナマやマレーシアの熱帯林では50 haもの大面積永久調査区が設定されている．しかし，日本の天然林では種数が少ないので4〜6 ha程度の方形の調査区が一般的である．なかでも有名なのが，茨城県北部の小川群落保護林に1990年代はじめに設定された6 haの永久調査地である（図3.5）．最初に地形測量を行い，10 m × 10 mの正方形の小プロット600個に区分し，個々の境界に杭を打って固定している．小プロットを基本単位にすることで樹木の分布が把握しやすくなり，再調査や解析が容易になる．

成木については調査区全域で調べるが，実生や稚樹は成木に比べ数が多いので調査区全域での調査は難しい．個体サイズに応じて調査枠を段階的に小さくして調べる．例えば，小川群落保護林では，10 m格子の交点に2 m × 2 mの小方形区を設定し稚樹を調べ，さらに中央の1.2 ha部分では7.5 m × 7.5 m格子の交点に1 m × 1 mの方形枠を設定し実生を調べている（図3.5）．

ii ）種構成　　調査地に生育する樹木に標識をつけ個体識別し，サイズと種名を調べる．木のサイズは通例，胸の高さ（地上130 cm）の直径（胸高直径）を調べる．幹の周囲にスプレーで印をつけ，再測時にも同じ所を測定する．直径巻尺を用いるよ

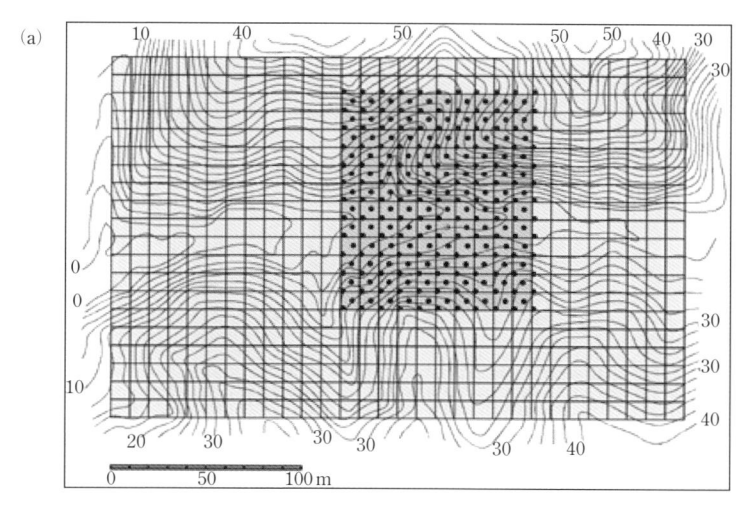

図 3.5 茨城県北部の小川群落保護林における永久調査地の設定
全体（6 ha）の成木をすべてマークし幹の太さを測定する．中央の 1.2 ha に種子トラップと
実生調査枠（1 m × 1 m）(b) をセットにして格子状（●）に配置している (a)．

りも周囲長を測った方が精度は高く，再測時の誤差も少ない．天然林では小さい稚樹ほど数が多いので，例えば胸高直径 3 cm 以上というふうに，あるサイズ以上の個体を測定する．胸高直径から断面積を求め樹種ごとに合計したものをその種の胸高断面積合計といい，この値を大きい方から並べ替えると優占種がわかる．例えば，宮城県北部の一桧山保護林に設置した 1 ha 調査地では，ブナ・ミズナラ，次いでクリが優占し，いろいろな種類の広葉樹高木，低木，ツルが共存している（表 3.2）．

iii）**サイズ構造**　種ごとに胸高直径の頻度分布図を作成する．上述の一桧山保護林では，ブナ・トチノキは最小サイズの個体数が最も多く，大きい個体ほど少ない逆 J 字型を示した（図 3.6）．一方，クリは 2 山型，ヤマハンノキは 1 山型のいずれも小さい個体が欠けた分布を示した．これらの分布形からブナ・トチノキは後継樹が連続的に更新している耐陰性の高い極相種，クリ・ヤマハンノキは稚樹の更新が途絶えている耐陰性の低いパイオニア種であることが読み取れる．

iv）**齢構造**　樹木の年齢は成長錐を用いて調べる．成長錐の扱いには少し力がい

表 3.2 宮城県北部の一桧山保護林の種構成（1 ha 調査地，胸高直径 3 cm 以上）

種 名	胸高断面積合計		密 度	
	($m^2 \cdot ha^{-1}$)	(%)	本数（ha^{-1}）	(%)
高木種				
ブナ	13.44	30.6	301	23.6
ミズナラ	10.34	23.5	130	10.2
クリ	7.85	17.9	76	6.0
イタヤカエデ	2.29	5.2	56	4.4
トチノキ	2.02	4.6	62	4.9
ホオノキ	1.29	2.9	23	1.8
コシアブラ	0.74	1.7	52	4.1
アカシデ	0.65	1.5	27	2.1
コハウチワカエデ	0.64	1.4	142	11.1
アズキナシ	0.64	1.4	79	6.2
ケヤマハンノキ	0.33	0.7	6	0.4
その他[*1]	3.57	8.1	249	19.5
低木種[*2]	0.08	0.2	48	3.8
ツル性木本種[*3]	0.10	0.2	25	2.0
合計	43.95	100.0	1276	100.0

[*1] ハリギリ，アオハダ，ヤマモミジ，オオバボダイジュ，ミズメ，ヤマナラシ，ウラジロノキ，ハウチワカエデ，ヤマザクラ，ウリハダカエデ，ヒトツバカエデ，ハクウンボク，イヌエンジュ，ミズキ，アオダモ，ウワミズザクラなど23種．
[*2] ムラサキシキブ，ツリバナ，ノリウツギ，マンサク，サラサドウダン．
[*3] イワガラミ，ヤマブドウ，ツルアジサイ，ツタウルシ．

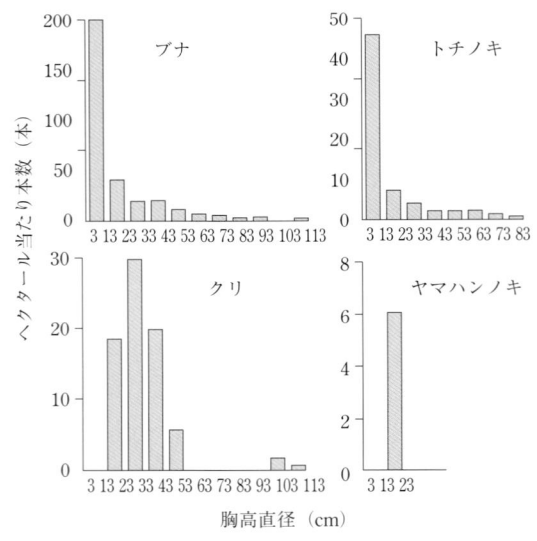

図 3.6 宮城県北部の一桧山保護林の調査区（1 ha）におけるブナ，クリ，トチノキ，ヤマハンノキの胸高直径（3 cm 以上）の頻度分布

る．地上約 0.3 m の高さの所に成長錐を刺し，髄（中心）を目指して力を込めてグルグル回しながら押し入れる（図 3.7 (a)）．中のコアを引き抜き，実験室に持ち帰り年輪を読み取る．図 3.7 (b) は北海道の野幌自然林（0.64 ha）の種ごとの齢分布で，

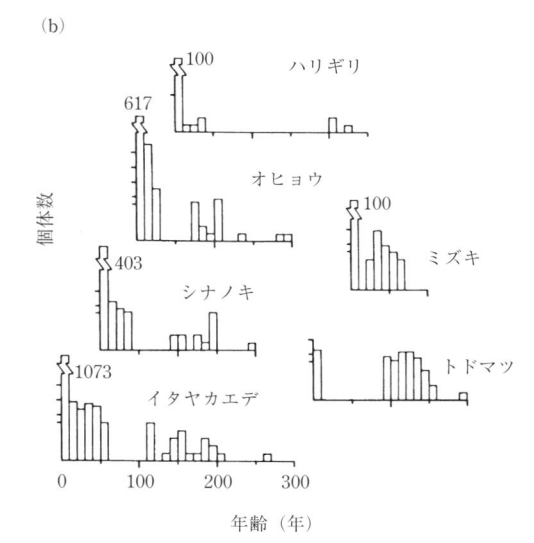

図 3.7 ハルニレに成長錐を挿入している北海道専修短大の石川幸男さん（a），北海道野幌天然林の樹木 6 種の齢分布（b）[1]

この林の歴史が読み取れる．トドマツは 10 年生以下の個体と 90〜160 年生の個体との 2 山型分布で，まれに起こる台風などの大きな攪乱後に一斉更新したものと推定される．イタヤカエデ，シナノキ，オヒョウなども 70〜200 年生に小さなピークがみられ，トドマツと同様に台風が更新を促したと考えられる．しかし，これらの種は逆 J 字型の齢分布を示し，若齢個体が連続的に更新しており，老木の立ち枯れなど頻繁に起こる小規模ギャップでも更新しているものと推定される．

v）空間分布パターン　種ごとに個体の位置図をつくると特徴的な分布パターンがみえてくる．例えば，一桧山保護林の 6 ha の調査区では，尾根や斜面上部にはミズナラ・クリが分布し，ブナは斜面中下部に，斜面下部から谷にかけてはトチノキがみられる（図 3.8）．これらの分布パターンの違いは，地形に伴う土壌の養分や水分・攪乱頻度の違いなどが関わっていると考えられる．

また，個体の分布パターンが集中・ランダム・一様分布のいずれかといった解析には Ripley の K 関数を線形化した L 関数が有効である．この関数は 2 つの群の分布相関も解析できる．例えば，図 3.8 からトチノキとクリは互いに排他的な分布で，クリとミズナラは同所的に分布しているようにみえるが，その統計的有意性が確認できる．

vi）ギャップ形成と更新　成熟した森林では老木の枯死などによる小さなギャップから台風，山火事，地すべりなどによる大ギャップまで様々なサイズのギャップが形成される．したがって，極相林は平面的にみると，破壊されたばかりのギャップの部分（ギャップ層），稚樹が林冠を目指して成長しギャップが修復されつつあるギャップの部分（建設層），そして成熟した部分（成熟層）といった発達段階（林冠の高さ）の異なるパッチがモザイクをつくっているようにみえる．したがって，森林のギ

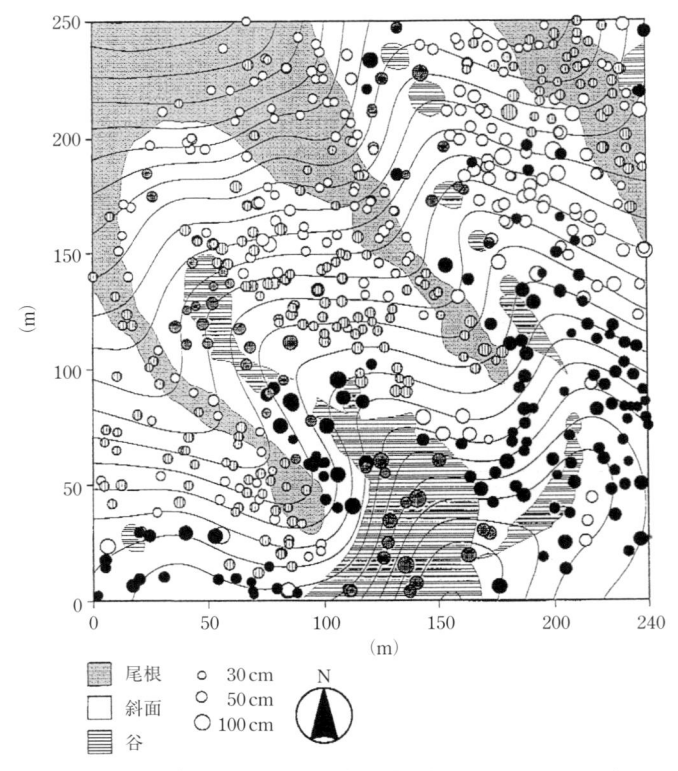

図 3.8 宮城県北部一桧山保護林の永久調査区（6 ha）におけるブナ，ミズナラ，クリ，トチノキの空間分布
○ミズナラ（$n = 936$），●ブナ（$n = 442$），◉クリ（$n = 327$），◉トチノキ（$n = 183$）．
DBH $\geq$ 30 cm の個体のみ示した．

ャップ構造の把握には，林冠の凹凸を直接測定するプロファイル法が最適である．永久調査地の 5 m × 5 m メッシュごとに林冠の高さを測定し，森林の 3 次元構造を再現し，ある高さ以下のところをギャップとする．この方法は，測定終了後でもギャップの定義ができる．例えば，林冠高は谷のほうが尾根筋より格段に高いので，同じ林冠高でギャップを決定することはできないが，地形ごとの最大林冠高からギャップを定義し直すことができる．しかし，全体の実測は困難なので，空中写真の利用が簡便である．

ギャップができると多くの樹種の種子発芽や実生・稚樹の成長が促進されるが，樹種ごとに程度が異なる．したがって，実生・稚樹の数や成長量をサイズの異なるギャップで比較すると，大ギャップに依存して更新する光要求量の高い樹種か，または小ギャップや林冠下でも更新できる種かが推定できる．

b. 種子生産量の推定と実生の消長

種子から実生・稚樹にかけての更新の初期過程は，樹木の長い生活史の中でも最も死亡率の高い時期である．この時期に，どこでどのような要因でどのくらい死亡するかを明らかにすることは，その後の成木の生育場所（ハビタット）や分布パターンを

i) 種子生産量の推定

通常，種子生産量の推定には図3.5（b）に示したようなシードトラップを用いる．シードトラップとは面積 0.5～1 m² ほどの円形または方形の受け口をもった細メッシュの布をパイプなどの支柱によって地上1 mほどの高さに固定したものである．シードトラップは調査地の小プロットに1個ずつ均等間隔で設置し，内容物を回収・分別し種ごとの種子生産量を推定する．

ii) 実生の消長

実生の消長に関わる要因を明らかにするには，まず定期的に実生の死亡過程を観察する．永久調査区に設定した実生調査枠において発芽した実生の脇に番号のついた旗を立て個体識別をし，2週間に1回程度観察を繰り返す．ネズミや昆虫の幼虫などによる食害，病原菌の感染，または乾燥害，霜害，落枝による損傷などによって死亡しているのが観察される．このような直接的な死亡要因は実生を取り巻く様々な環境，例えば光量，水分量，土壌の栄養塩濃度，リターの厚さ，ササの被度，上層の林冠木の組成，実生の密度，同種成木からの距離などと密接に関連しているので，個々の実生枠でこのような環境要因をなるべく多く調べる．しかし，多くの環境要因との関連を解析するには，多くの調査枠が必要で労力的に大変である．要因相互の関連を解析できるパス解析やSEM解析などの統計手法を用いて，より重要な要因を抽出し，重点的にそれらを調べるか，またはそれらの効果を確認する野外実験を併用すると効果が高い．

実生の消長は上記のような環境要因だけでなく，実生自体の形質，例えば種子重や発芽時期，貯蔵デンプン量，タンニンなどの防御物質の量，光合成特性などに大きく影響される．樹木はどのような形質を進化させ，死亡を回避してきたかといった個々の種の生存戦略としての視点からの解析も重要である．

iii) 野外操作実験による解析

実生の消長には数多くの要因が関わっているので，実生調査枠での解析には限界があり，調べたい特定の環境だけを変えた場所に種子をまく野外操作実験を併用するとよい．例えばギャップサイズの操作を解析したい場合は，ギャップ・小ギャップ・林冠下に播種し，実生の生残や死亡要因を比較する．また，ギャップと林冠下で種子サイズの違いがどう消長に影響するのかを調べたいなら，それぞれの環境下に異なる種子サイズをもつ複数種の種子を播種する．このような野外実験を行う場合は，想定した要因以外の他の要因はなるべくそろえるようにして播種プロットを設定し，なるべく多くの反復（5～10回）をつくることが重要である．播種試験は森林調査に絶えず伴う複雑な要因を排除し，特定の要因についての比較ができるので，解析が容易で結果が明瞭な場合が多い．

c. 繁殖過程を解き明かす分子生態学的解析

近年，花粉や種子の移動パターンなどの繁殖過程を明らかにするために様々な場面で分子生態学的手法（DNAマーカー）が使われるようになった．特にマイクロサテライトは多型性の高い共優性マーカーで，ヘテロ接合型個体において両対立遺伝子の判別ができるので，親子鑑定や個体識別などに利用されている．また多型性の高いDNAフィンガープリント法であるAFLP分析もマイクロサテライトと異なり種ごと

のプライマー開発が不要なためすぐに利用できる方法として有効である．しかし，優性マーカーなので対立遺伝子のカウントが必要な解析には向かないが，無性繁殖個体におけるクローンサイズの解析などには有効である．

ⅰ) 種子散布パターン　これまでは，ドングリなど堅果の散布パターンの推定には，堅果に磁石を埋め込んで金属探知機で散布場所を探す方法などが行われてきた．しかし，自然状態での散布をみているとはいえない．ドングリなどの堅果の果皮は母親由来の組織でつくられているので，種子散布後でも実生にまだ果皮が付着している場合は，そのDNA解析（マイクロサテライトマーカー）から母親を特定できる．この方法は自然落下した種子をネズミなどが運んだ後になんの人為も加えず，また，どの親個体から散布された種子なのかが特定できるため，確実な種子散布の追跡方法として有効である．また，種子親ごとに実生の生存経過を追跡調査することによって個々の種子親の適応度（子供の数）を推定することもできる．

ⅱ) ササの個体サイズ

ブナ林の林床は暗いものの，明るいギャップ周辺から林内にかけてササが広く繁茂しているのが観察される．これは1つの個体が長い地下茎をもち，暗い林内と明るいギャップにまたがって生育することによって，明るい所で得られた光合成産物を暗い林内に転流しているためだと考えられている．もし，そうならば，暗い林内だけで生育している個体よりもギャップと林内にまたがって生育している個体の方が長い地下茎をもつ大きな個体に成長していると考えられる．実際に，いくつかの個体を掘り取ってみるとこの仮説が正しいことが判明した．しかし，ササを掘るのはきわめて困難であり，多くの個体で確かめることはできない．そこで，ギャップを含む方形区を設定し，2.5 m間隔でササの葉を採集しAFLP分析を行った．予想通り，ギャップにまたがって生育しているササは，林内だけで生育するものより大きな面的広がりをもち，暗い林内まで地下茎を伸長させていることが確かめられた．

このような分子遺伝学的手法の使用は繁殖生態学上の様々な問題解決にきわめて有効な手法である．同時に，このような手法を有効に生かしうる繁殖生態学上の仮説を様々な観察から見いだしていくことも重要である．　　　　　　　　　　　　　　　（清和　研二）

引用文献

1) Ishikawa, Y. and Ito, K. (1989): *Vegetatio*, **79** : 75-84.

参考文献

菊沢喜八郎 (1999)：森の生態，共立出版．
小池孝良編著 (2004)：樹木生理生態学，朝倉書店．
甲山隆司ら (2004)：植物生態学，朝倉書店．
種生物学会編 (2001)：森の分子生態学，文一総合出版．
中静　透 (2004)：森のスケッチ，東海大学出版会．

3.4 野生動物―特に中大型哺乳類を中心に―

a. 中大型哺乳類の動物相

　動物相の記載は，地域の生物相の成り立ちや森林生態系の構造解析にとって必要不可欠である．しかし，多くの分類群では標本の採集なしに，その生息を記載することは不可能で，むしろ標本を採集することなしに，ある程度に信頼のおける記載ができるのは，中大型哺乳類や鳥類など，ごく一部の分類群に限られている．このため，動物相の記載には，必然的に捕獲・採集を伴うこととなる．しかし，その捕獲には，種類や地域，方法によって様々な法的規制があるため，関係機関と事前によく相談した上で申請する必要がある．また，「鳥獣保護法」に規定される「捕獲」は，捕獲行為を指し，単に動物を捕獲することだけでなく，「わな」の設置も捕獲行為とみなされている．また，ノネズミ類の捕獲は，これまで許可を必要としなかったが，2004年に改正された「鳥獣保護及び狩猟の適正化に関する法律」で，ドブネズミ，クマネズミ，ハツカネズミを除いて許可が必要である．また，コウモリ類の捕獲は，この法改正以前から許可が必要であるので，必ず許可を受けなければならない．

　中大型哺乳類の動物相は，これまで，直接観察や糞，足跡などの生活痕跡から明らかにするのが一般的であった．しかし，これらの方法では，直接観察が困難な夜行性動物では信頼のおけるデータの蓄積が難しく，多くの時間が必要であった．そこで，この問題を解決するために，赤外線センサーとカメラを組み合わせた自動撮影装置が開発された．わが国では，Goodson & Associates 社（アメリカ）製のTM550（パッシブ型），TM1550（アクティブ型）やフィールドノートⅡ（パッシブ型，麻里府商事製）などが主に使用されている．このうち，パッシブ型は動物が放射する体温を赤外線センサーで感知し，カメラにシャッター駆動信号を送り，写真を撮影するものである．それに対して，アクティブ型は，あらかじめ設置した赤外線送信機と受信機の間を動物が通過して，赤外線ビームを遮断すると，その信号がカメラに送られて写真を撮影するものである．センサーとカメラの設置には，ローアングル（動物の体高によって異なり地上高 30 ～ 60 cm）で設置する方法（正置法と呼ぶ）のほか，センサーとカメラを適当な高さ（地上高 4 m 程度）に設置し，真下を撮影する方法（俯瞰法と呼ぶ）がある．また，正置法は，積雪地では，積雪に伴ってセンサー高が変わるために最適高を維持できなくなるだけでなく，最悪の場合，センサーやカメラが埋雪してしまうので必ずしも適切な方法とはいえない．このようにして撮影された写真から，種類ごとにその出現頻度（カメラ台数と設置日数の積算数当たり，夜間撮影の場合はカメラ台数と設置晩数の積算数（カメラナイト）当たりの撮影頭数）を求め，動物相を定量的に評価する．ところで，ややもすると，この新しい方法にのみ目がいってしまうが，個人的には，むしろ従来からのフィールド観察からの記録を補完する方法として，この方法を位置づけたいと考えている．

b. 中大型哺乳類の生息密度

　密度は，個体群の状態を表すパラメータである．個体数調査法は，これまでにも様々な方法が考案され，動物種ごとに最適な方法が考案されている．現在もその動物

に適した方法の開発が進められており，古くて新しいテーマといえる．

　個体数調査は，対象動物を直接観察によって数える直接法と対象動物の生活痕跡を用いて数える間接法，そしてマーキング法に分けることができる[1]．直接法は，こちらが動いて調べるか，とどまって調べるかの2つに分けられる．しかし，この2つは基本的には考え方は同じである．こちらが動いて調べる直接法の1つ，ライントランセクト法は，一定の長さの調査ルート上を調査者が移動しながら，両側（一定の幅）を観察し，調査者の接近に驚いて飛び出した動物を数え，さらに調査面積で除して密度を求める方法である．調査者の移動速度によって，徒歩による方法，車（夜間にサーチライトを併用する）による方法，ヘリコプターを用いた航空センサスなどがある．ヘリコプターを用いた航空センサス法では，目視と赤外線センサー画像記録の併用が一般的である．また，目視は元来見落としの多い記録法であるために，高速で移動するエアセンサスでは目視記録だけの調査は避けるべきである．また，航空センサスは，わが国では必ずしも普及している調査法ではないために調査者の個人差などが精度に大きく影響する．これに対して，赤外線センサー画像の記録は，赤外線センサーによって温度の高い物体（動物）と低い物体（背景の地面や雪面）に明暗差をつけて識別することができ，しかも画像を繰り返し再生し，見落としや見誤りを補正することができる点で優れている．ところで，ラインセンサスには，見落としや人間の存在が少なからず影響する．その影響は，調査者からの距離によって変化し，対象動物が調査者から遠くにいるほど，見落としは多くなり，同時に人の影響が小さくなるために，動物の飛び出しは少なくなる．このために二重に偏りが生じる．この問題を解決する方法として，調査者からの距離に応じて発見率が低下する「発見関数」を求め，観察数を補正する distance sampling method が開発されている．一方，定点観察法も基本的には距離に応じて発見数が低下することから，distance sampling method によって生息数を補正することができる．

　間接法の基本的な考え方は，一定空間内に生息する，一定時間内の動物の生活痕跡総量を1頭当たりの単位時間当たりの生活痕跡量で除することによって生息数を求めようとする方法である．代表的な方法としては，シカ，カモシカの個体数推定法として開発された「糞粒法」「糞塊法」が，また，雪上の足跡列数からノウサギの生息数を推定する「INTGEP法」などがある[2]．糞粒・糞塊法では，一日当たりの排糞量や，糞虫による糞の分解速度（糞の消失率）が地域や季節によって大きく異なるために，その誤差を補正する必要がある．

　マーキング法（標識再捕獲法）は，調査地内で捕獲を行い，捕獲した動物（1回目の捕獲数）に足輪や耳標などの「マーク」をつけて，野外に戻し，一定時間が経過した後に再び調査地内で捕獲を行い，2回目の捕獲数と，その中にいる再捕獲されたマーク個体数から生息数を推定する．足輪や耳標などの人工的なマークを用いて識別する方法と，推定方法は異なるが体の模様などの自然にあるマークを用いる方法がある．自然にあるマークを用いる方法には，形態学的特徴から識別する方法と遺伝学的特徴から識別する方法とがある．シマウマの縞模様は有名であるが，このほかにニホンジ

カの夏毛の白い斑紋などは、形態学的な特徴として個体識別に用いることができる．また、顔面の模様やホクロなども識別に用いることができるが、このような識別の場合は、その特徴を写真に撮るなどして客観性を保つ必要がある．また、体の一方の側面だけを撮影した場合は、当然のことながら反対側の体側面が撮影されないために、個体識別のための記録としては不完全である．これを解消する方法として、動物の背面を撮影する工夫（俯瞰法）がある．自然にあるマークは、対象動物を捕獲して人工物でマークするのと異なり、動物の寿命や行動に影響を及ぼさない点で優れているが、マークの独立性（個体ごとに異なり、同じマークを複数個体がもたないこと）が保証されなければならない．また、マークは客観的に識別されなければならない．少なくとも、調査者にしか識別できないマークや成長とともに変化するマークは、マークとしての価値が低いと考えるべきである．このような形態学的な特徴と異なり、遺伝学的なマークを用いる方法がクマやノウサギで開発されている．クマの場合は、ヘアートラップ法とよばれ、少量の蜂蜜でクマを誘引し、あらかじめ設置した有刺鉄線を用いて体毛を採取し、採取したDNAから個体識別する．また、ノウサギの場合は、雪上に残された糞を採集し糞の表面にあるノウサギ自身のDNAを採取して個体識別する方法である．これらの方法は、DNA分析の知識と技術の習得が前提となるが、野外調査と室内分析が融合した新しい調査体制の確立を伴って、今後、大きく発展する可能性のある分野といえる．

c. 中大型哺乳類の行動追跡

中大型哺乳類の行動追跡法として、最も優れているのはテレメトリ法である．特に夜行性の動物ではこの方法以外に行動追跡することは困難である．この方法は、小型の電波発信機を首輪、耳標、ハーネスなどを使って対象動物に取り付け、発信電波を異なった2地点から同時に受信し、最も強く電波が受信できる方向を対象動物（テレメ個体）のいる方向として、三角測量の要領でその位置を推定する方法である．この一般的な方式のほかに、航空機や人工衛星（アルゴス衛星）で受信し、その位置を測定する方法や、GPS（全地球的位置測定システム）によって受信機を装着した個体の位置を測定し、その位置データをデータロガーに一定時間間隔ごとに記録、保存する方法がある．この場合、データの回収は、一定時間後に自動脱落装置によってデータロガーを切り離して回収する方法と無線通信によってデータを回収する方法とがある．これらの方法には一長一短があり、新しい方法ほどフィールドでの適用に解決しなければならない課題が多いのが現状である．また、システムが全体として高額になるので、調査計画は慎重に立てなければならない．課題を整理すれば、第1に電波を使用していることから電波法の規制を受ける点である．2番目の問題としては、必然的に対象動物の捕獲を伴う点である．先にも述べたように捕獲にあたっては、鳥獣保護法上の許可が必要であるばかりでなく、動物の福祉に考慮し、安全かつ確実に捕獲しなければならない．また、動物の行動を阻害しないように発信機を含め総重量は可能な限り軽量化を図り、通常は体重の2％以下とし、開発は遅れているものの自動脱落装置によって調査終了時に首輪を脱落させるなど、動物に不要な負荷を長期にわた

って強いることは避けなければならない．このようにテレメトリ法に適用にあたっては多くの制約があるものの，動物の行動特性などの基礎的な研究だけでなく，ニホンザルにおける農林業被害防止のための早期警戒システムなど応用面においても，なくてはならない手法となっており，テレメトリ法なくしては大型哺乳類の保護管理は立ち行かないのが現状である．

このようにして得ることができた対象個体の位置データ（X, Y座標，UTM座標値）を用いて，移動経路，行動圏の大きさや形，さらには環境地図と重ね合わせることによって，その内部利用などが計算される．行動圏の大きさや形の推定には，最小多角形法（最外郭連結法）やカーネル法[3]などが用いられているが，これらの計算には専用のソフトウエアが用いられている．代表的な行動圏計算ソフトとしてはCALHOME[4]やESRI社の地理情報システム解析ソフト「ArcView 3.0」とUSGSが開発した「Animal Movement」エクステンションを用いる方法などが知られている．

（小金澤正昭）

引用文献

1) 伊藤嘉昭，村井 実（1977）：動物生態学研究法（上，下），古今書院．
2) 森林野生動物研究会（1997）：森林野生動物の調査，共立出版．
3) Worton, B. J. (1989): Kernel methods for estimating the utilization distribution in home-range studies. *Ecology*, **70**: 164-168.
4) Kie, J., Baldwin, G. and Even, C. J. (1994): CALHOME: a program for estimating animal home ranges. *Wildlife Society Bulletin*, **24**: 342-344.

3.5 森林昆虫

a. 森林昆虫の分類

森林昆虫は樹木の葉から根まで様々な部分を摂食するが，以下のように昆虫の摂食様式によって区分すれば，容易に加害している昆虫を分類することができる．

食葉性昆虫：樹木の葉を食べる昆虫．鱗翅目のガやチョウの幼虫が代表的なものである．幼虫はケムシ，イモムシと呼ばれる．

球果・種子昆虫：樹木の球果や種子を食べる昆虫．

枝条・新梢昆虫：枝や新梢などに潜入して摂食する昆虫．

吸汁（収）性昆虫：葉，枝，幹に寄生し，樹液を吸収する昆虫．半翅目のカメムシ類，アブラムシ類，カイガラムシ類が代表的である．

虫えい昆虫：樹木の葉や芽などに寄生し，虫こぶ（ゴール）をつくる昆虫．

穿孔性昆虫：樹皮下の形成層部分や材部に穿孔して摂食する昆虫．鞘翅目のキクイムシ類やカミキリムシ類などが知られている．

食根性昆虫：根部あるいは地際部を摂食する昆虫．

さらに昆虫が加害している樹木の生理状態から，次のように昆虫を分類することもできる．

一次性昆虫：健全な樹木から栄養を摂取する昆虫．

二次性昆虫：衰弱あるいは枯死している樹木に寄生し栄養摂取する昆虫．

b. 昆虫調査法

　森林に生息する昆虫の個体数を推定することは，個体群動態の解析や被害解析をする上で重要である．しかしながら，森林に生息する昆虫の個体数を推定することは容易ではない．直接観察して個体数を数えることが理想ではあるが，森林は多層からなる樹冠や幹などから構成されており，適切な調査法を選択することが肝要である．また，目的に合った調査法を選択し，必要に応じて数種類の方法を組み合わせることも重要である．

ⅰ）個体数調査法

　（1）サンプリング法：　森林は大きく，そこに生息しているすべての昆虫を対象にカウントすることは不可能に近い．そこで，枝や葉をサンプルとして採集して個体数を推定する方法が採用される．森林内で何本かの木を選び，さらに各木から何本かの枝を選び，そこに生息している昆虫の数をカウントする方法である．当然サンプリングによる誤差が生じるために，カウントした生息数についての平均値とバリアンスが必要になる．またどれだけのサンプル数を取ったらよいのかという問題も生じてくる．この場合，予備調査を行って母集団のバリアンスを推定し，それに基づいてサンプル数を決めなければならない．サンプル当たりの生息数に偏りがあればサンプル数を多く取る必要がある．上述した場合は木と枝という単位で分けてサンプリングしたが，このような場合を層別サンプリングといい，森林昆虫の個体数推定に用いられる場合が多い．

　（2）糞粒からの推定：　樹冠が高くて直接枝がサンプリングできない場合に用いられる．樹冠を摂食する食葉性昆虫の場合，樹冠下に糞受けトラップを設置し，落下した糞粒数をカウントし，生息個体数を推定する方法である．食葉性昆虫が発生している林内に開口部が $1\,m^2$ のトラップを数個設定し，数日間にわたってトラップに入った糞を採集し，その乾燥重量を測定する．一方で同時期，同期間に既知の数の幼虫を寄主木の枝につけた袋に放し，一定期間に排出した糞を採取し重量を測定した後，1日1頭当たりの排出糞重量を知る．そしてトラップの糞重量を1日1頭当たりの排出糞重量で割れば $1\,m^2$ 当たりの大まかな生息密度が推定できる．さらにヘクタール当たりの生息密度にも換算できる．スギ林でのスギドクガの大発生時の密度の推定やブナ林でのブナアオシャチホコ個体群の長期的個体数変動の把握などに使われている．

　（3）昆虫の習性を利用する推定法：　誘蛾灯やベイト（誘因餌）トラップなどを使って昆虫を集めて推定する方法である．ここではスギカミキリがスギ樹幹を夜間に歩く習性を利用して開発されたバンドトラップ法について述べる[1]．スギカミキリの成虫には樹幹の暗い部分，例えば樹皮の隙間などに好んで潜む習性があることが知られている．その習性を利用して成虫を捕獲するために，樹幹に幅約 10 cm ほどの遮光ネット（遮光率：70％）を巻き付けると，夜間に活発に活動する成虫がネットの隙間に潜入し，容易に成虫を捕獲することができる．スギ林内に巻き付けた遮光ネット内に潜んでいるすべての成虫を捕獲し，次に述べる捕獲-再捕獲法を併用すればスギ林内の個体数の推定が可能になる．

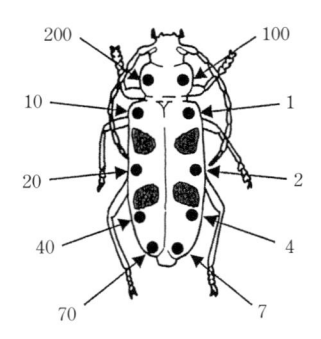

図 3.9 成虫のマーキング法[3]
マークの位置と色によって数字をコード化して,マークの組合わせにより個体番号を表した.図は白色マークの場合を示す.黄色,青色,赤色,緑色マークの場合はそれぞれ 400, 800, 1200, 1600 を加えた数字を表す.

(4) 捕獲-再捕獲法: 林内で採集した昆虫に個体識別のためのナンバーをつけ林内に放し,後日同じ方法で昆虫を採集し,その中にナンバーをつけられた成虫が何頭含まれているかということから個体数を推定することができる.下記の式が推定の基本式になる[2].

$$P = an/r$$

ここで,P は推定個体数,n は 2 回目の調査で捕獲された昆虫の総個体数,a は 1 回目の調査でナンバリングした昆虫の総個体数,r は 2 回目の調査で捕獲された昆虫のうちナンバリングされていた昆虫の総個体数を表す.一般には,上式から導かれるJolly-Seber 法が推定に用いられる場合が多く,林内での生存率なども推定できる.

昆虫へのナンバリングには種々の方法が考察されているが,スギカミキリ成虫へ適用されたのは 4 点法である(図 3.9).

ⅱ) 被害調査法

被害許容水準: どの森林でも密度の高低はあるが,多少とも昆虫に摂食される.通常の生息密度であれば,樹木の生存や成長量に影響を及ぼすことはない.しかし大発生すると,枯死や成長の遅れという被害をもたらす.例えば,食葉性昆虫の食害量が樹木全葉量の 30% 以下ならほとんど影響はみられないが,50% を超えると成長が減少する.さらに 70〜80% も失葉されると成長が遅れ,その影響が長期間にわたる.100% 食害されると,落葉樹は枯死しない場合が多いが,針葉樹では枯死する.このような場合,以上の目安が被害許容水準であり,このときの食害を引き起こす昆虫密度以上になれば防除が必要である.

被食葉量の推定: 昆虫の被食葉量を推定する方法には種々あるが,前述した糞受けトラップを用いると,個体数の推定だけでなく,同時に被食葉量も推定できるという利点もある.

引 用 文 献

1) Shibata, E. (1983): Seasonal changes and spatial patterns of adult populations of the sugi bark

borer, *Semanotus japonicus* Lacordaire (Coleoptera：Cerambycidae), in young Japanese cedar stands. *Applied Entomology and Zoology*, **18**：220-224.
2) Southwood, T. R. E. (1971)：*Ecological Methods*, Chapman and Hall.
3) 伊藤賢介（1999）：スギカミキリ大発生個体群の特性およびスギ樹体内における生存過程に関する研究. 名古屋大学森林科学研究, **18**：29-82.

3.6 森林病害

a. 病害の種類と病原体

病気によって生じる植物の変調を病徴といい，樹木の枯死，枝枯れや幹からの樹脂の漏出，葉にできる斑点や壊死，さらにはてんぐ巣症状などがある．これらの病徴をもたらす病原体として，菌類，細菌，マイコプラズマ，ウイルス，植物寄生性線虫などがある．病徴が類似していても病原体が異なる場合があるので注意を要する．樹木の主要病害として，スギの赤枯病，溝腐病や暗色枝枯病，ヒノキの樹脂胴枯病やならたけ病，カラマツの先枯病，マツ類の葉ふるい病やすす葉枯病などがある．

b. マツ材線虫病

被害発生のメカニズム： この病気はマツノマダラカミキリが媒介するマツノザイセンチュウによって発生する．枯れたマツから脱出したマツノマダラカミキリは性成熟のために健全なマツの小枝を後食する．成虫は6月から7月にかけて脱出するが，その早晩は気温に影響され，温暖地域では早く，寒冷地域では遅い傾向がある．後食時にできた小枝の傷口からマツノザイセンチュウはマツに侵入する．センチュウがマツに侵入すると，マツ林ではつぎつぎと生理異常を起こしたマツが発生してくる．するとマツノマダラカミキリの成虫は二次性の昆虫なので，マツノザイセンチュウによって衰弱したり枯れたりしたマツに産卵する．枯れたマツの樹皮下でふ化幼虫は発育し，成熟すると材内に穿孔し，蛹室をつくりそこで越冬する．翌年の初夏に幼虫は蛹化して羽化するが，そのときに材内で繁殖していたマツノザイセンチュウはマツノマダラカミキリの体表に乗り移り，成虫になったカミキリはセンチュウとともに枯れたマツから脱出する．マツノマダラカミキリは1年で羽化するのが普通であるが，寒冷地では2年かけて羽化する個体がいることも知られている．

マツ材線虫病の判定： 外観からみて衰弱あるいは枯死しているマツがマツ材線虫病に罹病しているかどうかは，以下の手法を用いて判定できる．

枝を剪定鋏で切断し，数時間後に切り口から樹脂が滲出していなければ罹病している可能性がある．また，樹幹に数カ所キリで穴をあけ，1日後に樹脂が滲出していなければ罹病していると判断される．

さらにベールマン法によって，マツ個体からマツノザイセンチュウの検出を行うとより確実に本病に罹病しているかどうかが判定できる．枝の場合，枝を切り取って剪定鋏で細かく切断するか，あるいは樹幹から木工用ハンドドリル（径12～18 mm）を用いて材片を採取し，紙袋にいれて室内に持ち帰る．この場合，古い枯れ枝や樹皮を使うとマツノザイセンチュウ以外のセンチュウが多数検出されるので使わない．マツノザイセンチュウが検出されれば罹病していると判定される．

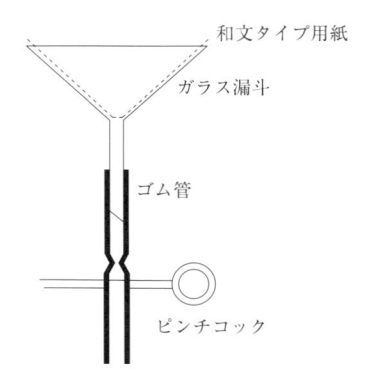

図3.10 ベールマン法によるマツノザイセンチュウの検出[1]

　ベールマン法によるマツノザイセンチュウ検出手順は以下の通りである．漏斗（径約8～10 cm）にゴム管（またはシリコンチューブ）をつなぎ，ピンチコックをつける（図3.10）．先に水を張って，漏れないことを確認する．枝あるいは樹幹からの木片を紙片にくるみ，漏斗の上に置く．上から漏斗の上端まで（木片がつかるまで）水を注ぐ．一昼夜室温下で放置する．ピンチコックを少しあけ，水をメスシリンダに受ける（10 cc）．水をピペットで攪拌し，線虫計数板（1 cc）に水を注ぎ，顕微鏡下でマツノザイセンチュウを同定し数える．3回繰り返して平均値を算出し，水量を掛けてセンチュウ数を算出する．材片を漏斗から出し，乾燥させる（80 ℃ 24時間）．材片乾重1 g当たりのセンチュウ数を算出する．サンプルによってはセンチュウが検出されない場合もあるので，1本の枯れマツから複数のサンプルを調査することが望ましい．

（柴田　叡弌）

引用文献

1) 二井一禎（2003）：マツ枯れは森の感染症，文一総合出版．

3.7　微　生　物

　共生関係や寄生関係など，植物の生育・生存にとって重要な役割を有している菌類や微生物について，森林生態系での種組成や生体量，機能などを測定する方法について概説する．

a．生態調査

　菌類相の調査で分類に使われる種は，2群の生物間の形態的不連続に基づいた「形態種」である．しかし，近年形態的に同一でも互いに交配しない「生物学的種」の存在が明らかにされ，形態のみで種を分けるのは不十分なことが示された．また，種を構成する個体（ジェネット）の特性は，遺伝資源の点から，また樹木との関係の点から重要とされている．DNA分析はこれらを区別するのに必須の技法となっている．

ⅰ）種組成 [1, 2, 5, 9, 11, 12]　子実体の形態を調べ，それが有機物を分解する腐朽菌か樹木と共生する外生菌根菌かを調査する．腐朽菌は発生場所を記録する．菌根菌や木

材に発生する腐朽菌では樹種名を記録する．大型の子実体を形成する大型菌類は図鑑などで種が同定できるが，小型菌類は形態のみでは同定が困難な場合が多いので，子実体の菌糸組織，子実層，胞子などの顕微鏡観察に基づいて種を同定する．樹木と菌類の発生位置図を作成して樹木との関係やコロニーを確認し，子実体の個数や乾燥重量を測定する．菌根菌では地下の菌根量と地上の子実体の重量は比例するとされ，その総量で優占度を評価する．シノコッカムのように子実体をつくらない菌根菌もあるので注意が必要である．子実体によらない方法として，土壌試料を採取し，その中に含まれる菌根の形態や頻度で菌根菌を分類・量的評価する方法もあるが，種の同定が困難な場合が多い．

ⅱ）生物学的種　ナラタケ，キララタケ，キクラゲ，キコブタケ，カンバタケなどに生物学的種（biological species）が知られているが，さらに多くの種に存在すると思われる．［調査の方法］調査対象の菌（2核性菌糸）とテスター菌（種名が明らかな子実体の胞子から得た1核性菌糸）との間で交配試験を行い，テスター菌が2核化すれば両者は同一種と判断してよい（ダイ・モン現象）．

ⅲ）ジェネット　同一の遺伝子組成からなる個体のことをジェネット（genet）という．有性繁殖によって繁殖したそれぞれの個体は種としては同一だが，ジェネットはそれぞれ異なる．菌類では菌糸融合の際には核が移動し細胞質は融合しないので，この現象を利用してジェネットを区別する．［調査の方法］異なる基質から数個の同一種の菌類を採集し，細胞質内のミトコンドリアDNAの構造を比較して個体の違いを判断する．

ⅳ）DNA分析[8]　分類目的に対応した様々なDNA分析法がある．この方法は目的とするDNAを大量に得るPCR法の開発によって急速に発展した．［リボソームRNA（rRNA）遺伝子］特定の領域を用いて変異を検出するので種の識別評価には限界がある．種の遠縁の生物の関連は核内小サブユニットrRNAを，近縁の目あるいは科レベルはミトコンドリアのrRNAを調べる．［ゲノムDNA］任意の配列を用いて変異を検出する．種の分類にはDNA塩基組成やDNA-DNAハイブリダイゼーションを用いる．種レベル以下の菌株や生活型を識別するにはRAPDやAFLPがある．［マイクロサテライトDNA］マイクロサテライトのほとんどは遺伝情報をもたず機能的制約を受けないため，生物の個体間で違いが生じやすい．この特徴を利用して，種内の系統関係や個体群内の血縁関係を調べる．

b. 樹病学的調査

病原菌は生きた樹木に寄生して栄養を摂り，侵害を受けた樹木は病気になる．木材腐朽菌は生きた樹木の枯死部や木部のような個所で栄養を摂り，侵害を受けた個所は腐朽する．病原菌には様々な菌類が含まれるが，木材腐朽菌のほとんどは担子菌類のヒダナシタケ目とハラタケ目の一部，それに子のう菌類の特にクロサイワイタケ科の菌類である．

ⅰ）病原菌　樹木に現れた異常（病徴）と患部の表面に現れた病原体の特徴（標徴）を調べて病名を決める．最後に病原菌を健全木に接種し，罹病木と同一の病徴と

標徴が現われるかを確認する（コッホの原則）．［野外調査］本数被害率，患部の高さや方位，調査区周辺の植生や土壌などの諸調査を行う．［外観の調査］罹病木の各器官について病徴と標徴を調べる．萎凋や病斑，てんぐ巣などの病徴の種類を調べる．標徴は病原菌の繁殖器官（子実体や胞子）と栄養器官（菌糸組織）について調べる．子実体や胞子は形態，発生状態や色彩を記録する．菌糸組織は細糸状だが，菌糸が束となった菌糸束や菌糸が塊となった菌核や子座がつくられることがあるので，色彩や形状を調べる．［顕微鏡検査］患部の菌糸，胞子塊，子実体，胞子などの形状，大きさなどを調べて，病原菌を同定する．

ⅱ）木材腐朽菌　腐朽材と分離菌の特徴を調べて木材腐朽菌を同定する．［腐朽部の特徴］腐朽は腐朽部の材の色から褐色腐朽と白色腐朽に大別される．孔状，海綿状，柱状など腐朽型の種類を調べる．腐朽部位を幹および根株について心材か辺材かを調べる．腐朽を受けた樹種名を記録する．［分離菌の特徴］子のう菌類は無性胞子が培地上に形成されたらアナモルフ（無性世代）を同定して分類群を絞る．担子菌類は菌叢の色，菌糸の形状などの培養特性を調べる．分離菌をタンニン酸，ガーリック酸などのポリフェノールを添加して培養すると，白色腐朽菌は培地上に褐色の酸化帯を生じるが褐色腐朽菌は生じない（バーベンダム反応）．

c. 植物栄養

大気中の窒素ガスは窒素固定菌によって森林に流入し，樹木に利用される．外生菌根菌は樹木と共生して樹木から炭水化物を受け取り，樹木には土壌中の窒素やリンなどの養分や水分を供給する．また，地上に堆積したリターは微生物によって最終的には水，二酸化炭素，窒素，その他の無機物に分解され，その後植物によって再び利用される．

ⅰ）窒素固定菌[6, 10]　単生と共生があり，単生菌は共生しない．共生菌はマメ科植物や非マメ科植物のハンノキ属やグミ属などに根粒をつくるものと，ソテツやマキの根の中に共生するものがある．窒素固定機能はアセチレン還元法で測定する．［菌の分離］窒素栄養源を含まない培地を用意する．単生菌の場合は土壌を希釈液に懸濁し上澄み液を培地上に塗布する．共生菌は根粒もしくは根から分離する．培地上で増殖した菌について窒素固定活性を調べる．［窒素固定機能の測定］測定試料を試験管に入れて密栓し，容器の気相の10％をアセチレンに置換する．一定時間恒温器に入れて反応させ，ガスクロマトグラフィーに注入する．エチレンのピーク高とアセチレンのピーク高を求めその比によって生成エチレン量を求める．アセチレン3 molの還元に対し1 molの窒素分子が固定される．

ⅱ）外生菌根菌[3, 6]　無菌苗に外生菌根菌を感染させ，野外に植えて機能を評価する．［無菌苗の用意］アカマツ，アカシデなどの実生苗を用意する．土壌はバーミキュライトとピートモスを混合し，オートクレーブによって殺菌して用いる．［感染苗の作製］菌根合成用の菌としてコツブタケ，ニセショウロ属，ツチグリ，キツネタケなどを用いる．接種源には培養菌糸と胞子がある．培養菌糸は滅菌したバーミキュライトとピートモスの個体培地または液体培地で約1カ月間培養し，苗木の根に接種

して感染苗をつくる．胞子を用いる場合は，コツブタケなど上記の腹菌類を使う．
［評価項目］菌根形成数，活着率，生育効果，耐乾性などについて調べる．

iii）有機物分解（無機化）[6, 10]　ここでは有機物の無機化を炭素と窒素について調べる．

（1）二酸化炭素（CO_2）の測定：　土壌から放出されるCO_2量を測定して無機化量を求める．放出CO_2量には根の呼吸量がかなり含まれるが，それを区別する技術はまだ確立されていない．［ガスの捕捉：チャンバー法］金属製の円筒（チャンバー）を地表面に差し込み，通気循環させる通気法と通気させない密閉法がある．密閉法は比較的容易で多種類のガスの測定が可能である．［ガスの分析］分析には赤外線CO_2分析計，ガスクロマトグラフィー，CO_2吸収剤への吸収速度から求めるアルカリ吸収法などがある．

（2）窒素の無機化：　土壌を一定期間培養して，その間に生成されたアンモニア態窒素と硝酸態窒素の量を測定して求める．分析はケルダール法による．土壌の培養方法は野外培養法と室内培養法に大別される．［野外培養法］バッグ法，シリンダー法，レジンコア法がある．バッグ法では調査地の土壌をポリエチレンなどの袋に詰めて，再度調査地に埋めて培養する．シリンダー法では調査地にシリンダーを差し込み，上方は雨水防止のためにふたをして培養する．レジンコア法では非攪乱土壌をシリンダーに入れ，その上下にイオン交換樹脂を取り付けて土壌に埋めて培養する．［室内培養法］調査地の土壌を室内で培養する方法で，びん培養法と洗浄法がある．ともにガラスびんに土壌を入れて恒温器内で培養し，無機態窒素の生成量を求める方法であるが，洗浄法では，生成物の集積による影響を抑える目的で培養期間中に何度かに分けて土壌中の無機態窒素を洗浄抽出する．

（馬田　英隆）

引 用 文 献

1) 今関六也，本郷次雄編（1987）：原色日本新菌類図鑑Ⅰ，Ⅱ，保育社．
2) 今関六也ら編（1988）：日本のきのこ，山と渓谷社．
3) 岡部宏秋（1997）：森づくりと菌根菌（わかりやすい林業研究解説 105），林業科学技術振興所．
4) 岸　國平編（1998）：日本植物病害大辞典，全国農村教育協会．
5) Gilbertoson, R. L. and Ryvarden, L.（1986, 1987）：*North American Polypores*, Vol.1, 2, Fungi Flora, Oslo.
6) 森林立地調査法編集委員会編（1999）：森林立地調査法，博友社．
7) 鈴木和夫編（1999）：樹木医学，朝倉書店．
8) 鈴木健一郎ら編（2001）：微生物の分類・同定実験法，シュプリンガー・フェアラーク東京．
9) 土壌微生物研究会編（1992）：新編　土壌微生物実験法，養賢堂．
10) 土壌養分測定法委員会編（1994）：土壌養分分析法，養賢堂．
11) 長谷川武治編（1975）：微生物の分類と同定，東京大学出版会．
12) Breitenbach, J. and Kränzlin, F.（1984）：*Fungi of Switzerland*, Vol.1,2, Ascomyctes, Verlag Mycologia.

3.8　バイオマス

バイオマスは生物体量のことであり，通常，単位面積当たりの乾重量で表される．森林の生物には，植物や動物，微生物があるが，ここではその中で最もバイオマスの

大きい植物について述べる．バイオマスを測定する場合，調査時のバイオマスだけが目的のときと，バイオマスの経時的な推移や変化量が目的のときとがある．前者の場合は1回の調査で十分であるため全域に対して破壊的な調査方法をとることもできるが，後者の場合は時期の異なる複数回の調査を行うため，森林の場合は通常は準非破壊的な調査方法がとられ，破壊的な調査方法をとる場合でも，対象地の一部について行い，それ以外の部分については調査の影響が小さい調査方法がとられる．それは，対象が植生全体の場合も，葉や根などの器官別の場合も同様である．調査方法によって得られるデータの正確さは異なり，原理的には調査対象地のすべての植生を刈り取り秤量する破壊的な調査方法によって真の値が得られ，他の森林で得られたデータを援用して推定する非破壊的な調査方法で得られた値が最も大きな誤差を含む可能性が高い．目的に応じて，また測定作業にかかる労力と得られる成果とを考慮して適切な調査方法を選定する必要がある．以下，破壊的な調査方法と非破壊的な調査方法，両者の中間的な調査方法（準非破壊的調査方法）について，それぞれの方法の長所短所などの特徴を含め，調査方法の選定や適用の際の留意点に重点をおいて概説する．具体的な調査手順の説明については，文献1, 2の方法書を参照願いたい．

a. 破壊的調査方法

すべての植物体を刈り取って測定する全量刈取法がこれにあたる．地下部（根系）の測定には非常に大きな労力が必要なことから，地上部を対象とすることが多い．植生の生産構造（光合成器官と非光合成器官の空間配置）を知ることが目的の場合は，植生を高さで区切って層状に刈り取る方法（層別刈取法）で調査される．構成種が単一でない場合など，後述するように，準非破壊的調査方法で種ごとの現存量推定に多くの労力が必要な植生の場合に適した方法である．しかし，標本として刈り払う面積は植生の高さによって決まり，少なくとも植生高を1辺とする正方形よりも大きくする必要があるため，最大木の樹高が30 mを超えるマレーシアの熱帯雨林での例があるが，現実的には草原や林床植生のように対象とする植物が小さい場合に適用可能な方法である．

草原などのある広がりをもった植生の場合には，必ず種組成や生育状況に不均一さを含んでいる．その植生のバイオマスを測定する場合，不均一さを考慮するとかなりの面積の全域について刈り払い調査をすることになるが，通常はそのようなことをせず，複数箇所の調査区を分散させて設置し，調査区のバイオマスからその植生全体のバイオマスを推定することが多い．各調査区のバイオマスについては真の値が得られるが，その平均値から推定されるバイオマスは，調査区の配置や個数，植生の不均一さなどによって誤差を含むことになる．また，刈り払った全量を乾燥させて乾重量を求めるのが誤差を生じない方法であるが，植物が大きい場合には，乾燥器の制約などによって全体については調査時の重量を測定し，器官ごとに得た試料の乾重率を用いて全体の乾燥重量を推定する場合が多く，乾重率測定用試料の取り方も誤差が生じる要因となる．例えば枝の場合に，太い枝ばかりを試料とするなど，試料の取り方が適切でないと大きな誤差を生じることになる．

b. 準非破壊的調査方法

少数の個体について破壊的な調査方法で乾重量を測定し，そのデータから調査地全体のバイオマスを推定する平均木法や相対成長法がこれにあたる．植生の生産構造（光合成器官と非光合成器官の空間配置）を知ることが目的の場合は，供試木について高さを区切って層状に刈り取る方法（層別刈取法）で調査される．平均木法は，平均的な大きさ（樹木の場合は平均的な胸高断面積（1.3 m 高の幹の断面積））をもつ個体の乾重量を個体数倍することによって対象地全体のバイオマスを推定する方法である．相対成長法は，大きさの異なる個体について求めた個体サイズ（樹木の場合は胸高直径と樹高）と乾重量との関係（相対成長関係）を調査地の各個体にあてはめて乾重量を推定し，それを足し合わせて調査地全体のバイオマスを推定する方法である．いずれも個体サイズと乾重量との関係を利用した方法であるが，これらの関係は，種によって異なることが知られており，スギ人工林など単一樹種からなる森林に適した方法である．多様な種からなる植生の場合には，種ごとに関係を求める必要があることから，種が多いほど正確に推定するための労力がかかる．また，同一の種でも，密度などの森林の状態によって関係が異なるため，同一の森林について複数回測定し経時的なバイオマスの推移を調べる場合には，そのつど個体サイズと乾重量との関係を調べる必要がある．林冠閉鎖した森林の場合，個体サイズと幹の乾重量との関係の経時的な変化はそれほど大きくないが，成長（展開）枯死を繰り返し，単位面積当たりの乾重量が樹種によって一定となる傾向をもつ枝や葉では，同じ個体サイズの個体で比べたときに森林の発達に伴って乾重量が小さくなる傾向にあるため，葉や枝を対象とする場合には特に注意が必要である．

乾重量を測定する試料木を選定する場合には，対象地の立地の違いに注意する必要がある．斜面地形の場合，斜面下部に比べて斜面上部で成長が劣り，また同じ胸高直径の個体を比べた場合に斜面上部の方が樹高が低い傾向にある．調査地は植生高を 1 辺とする正方形よりも大きくする必要があるが，地形が細かく変化する場合には，成長差のない調査地を必要な面積で設定することが困難なことが多い．試料木の選定は，最大木と最小木が含まれるようにすること，ギャップなどの攪乱を受けた場所からは選ばないこと，腐朽などの傷のある個体を選ばないことなどが注意点であるが，試料木の選定よりも調査地の設定の方が誤差を生じる要因としては大きい．

また，試料木の乾重量測定についても，全量刈取法と同様に乾重率測定用の試料採取によって誤差が生じる可能性がある．

c. 非破壊的調査方法

森林を構成する樹木の材積を，胸高直径と樹高を変数とする材積表を用いて推定して足し合わせ，それに材比重を乗じて森林全体の幹の乾重量を推定し，それに幹に対する全体の乾重量比（拡大係数）を乗じて，バイオマスを推定する方法がこれにあたる．材積表は，林野庁が各地方について樹種ごとにとりまとめたものが市販されており利用可能である．調査地では非破壊的に測定可能な胸高直径と樹高を測定することになる．拡大係数は，幹とそれ以外の器官の乾重比に関わる値であり，森林のサイズ

や状態によって異なるものである．対象とする森林での拡大係数が明らかでない場合には，わが国では針葉樹が1.7，広葉樹が1.8の値を使うように示されている．立木の混み具合（密度）によって幹の形が異なること（材積表を画一的に使用することによる誤差），林冠が閉鎖した純林の葉と枝のバイオマスは，高齢林でない場合には樹種によってほぼ一定であるため拡大係数は発達した森林（幹バイオマスが大きい森林）ほど小さいこと（拡大係数を画一的に使用することによる誤差）などの理由から，この方法で得られる値は，対象の個体サイズが小さい場合にはかなりの誤差を含む可能性がある．この推定法では，幹の乾重量が大きいほど枝や葉，根の乾重量も大きくなるため，バイオマスの増加量（成長量）を推定するのには適さない． （丹下　健）

引用文献

1) 生態学実習懇談会編（1967）：生態学実習書，p.336，朝倉書店．
2) 森林立地調査法編集委員会編（1999）：森林立地調査法，p.284，博友社．

3.9　水　　文

a. 森林の水収支を観測するための方法

森林の水収支観測とは，ある範囲の森林を対象として，その範囲内に流入した水量，流出した水量，蒸発した水量を現場で測定することである．流入は，雨，雪が中心であるが，場所によっては霧の影響が無視できなくなる．流出は，勾配に沿って流れてくる地表水，地下水であり，蒸発は上空や横方向に輸送される水蒸気である．これらはいずれも現在の科学・技術のレベルでは，厳密な測定が難しい項目ばかりであり，ある程度の誤差は避けられない．

ⅰ）流入水量の測定　森林に降った雨を測定するには，森林の樹冠の高さよりも高いタワーを建設し，その頂上に雨量計を置くのが最も正確である．そのようなタワーが建てられない場合は，対象とする森林の近くに気象観測露場を建設し，雨量計を設置することになる．それも困難な場合は，代わりに近隣の気象庁や国土交通省の既存雨量計のデータを使うしかない．雨量計は，風が強いと雨滴の捕捉率が低下するが，風は一般に上空ほど強いので，樹冠に対してタワーが高すぎると捕捉率が低下してしまう．雨量の観測はやさしいようで，実は最も難しい観測項目といわれており，ひとたび欠測が発生するとそれを他のデータなどから推定して埋めることは不可能に近い．慎重を期するためには，1つの気象観測露場の中に複数の雨量計を設置して同時併行で観測を行うのがよい．広い範囲の森林を対象とする場合は，雨の降り方の空間的不均一性も考慮して，複数地点に雨量計を配置する必要が生ずる．

雨量計は一般に転倒ます雨量計が用いられる．1転倒が0.1，0.2，0.5 mmのものなどがあるが，0.2 mm以下のものは大雨時に雨量計が追随できず測定できない場合がある．

雪は雨よりも測定が難しい．雪をとかすヒーター付きの転倒ます雨量計を用いるが，これには雨量計全体をヒーターで加温するものと，受水部だけを加温し，水面に油を張って溢れた水量を測る「いっ（溢）水式」と呼ばれるものとがある．雪は雨よりも

さらに風の影響を受けやすいので，積雪板を用いた降雪観測や積雪断面観測，密度測定などの積雪調査を併行して行い，測定値の信頼性を確保する必要がある．

霧は，霧を捕捉する装置を自作して測定する．装置は雨よけの傘を備えた金属製の四角形ないし円筒形の網と，そこから滴下した水を受ける貯水部からなる．この装置により水量が計測され，その値を森林へ流入した水量に換算する．霧の観測手法を世界的に統一し，比較可能なデータを集めようという試みもされている．

ⅱ）流出水量の測定　森林からの水は一般に地表水または地下水となって流出するので，ある面積の森林から流出する水量を測定する際には，地表水と地下水の両方を測定する必要がある．

地表水を集めるには，対象とする森林を水を通さない枠で囲って，流れてくる水を集め，それを測定すればよい．水量が少なければ転倒ます量水計（1転倒が50〜2000 mlのものが市販されている）で，多ければ四角ないし三角の流出口（ノッチ）を備えた水槽を設置して水位を観測し，あらかじめ求めておいた水位と流出量の関係を用いて水量に換算する．もし対象とする森林が渓流の流域全体である場合は，森林が分水嶺ですでに囲まれていて，地表水は渓流に集まってくるので，新たな囲いは必要なく，川の水量を観測するだけでよい．川の水量を精密に測定したい場合は川に水量観測専用の堰（量水堰；図3.11）を建設・設置するか，パーシャルフリュームと呼ばれる縮流堰を設置する．量水堰にはノッチを設け，堰上流の貯水池の水位を観測し，あらかじめ求めておいた貯水位と流出量の関係を用いて水量に換算する．森林内を流れる渓流の場合，普通の河川とは異なり洪水時と平水時では水量が4桁も5桁も違うことがある．そのため，洪水時と平水時の水量をともに精度よく測定できるような仕組みをつくることは不可能に近い．量水堰は平水時の流量を精密に測定するのに適しているが，大洪水時には貯水池に土砂が流入し，測定不能となる欠点がある．大洪水時の測定を重視する場合にはパーシャルフリュームが有利であるが，フリューム

図3.11　東京大学愛知演習林白坂量水堰
1929年から現在まで同じ精度で流出水量の観測が続けられている．2000年の東海豪雨時に土砂流出により1週間程度観測がストップしたが，それ以外にデータが欠落したことは75年間に1回もない．流域の森林は明治時代にははげ山であったが，その後100年間かけて森林が回復してきている．

自体が流されないように十分固定する必要がある．

　地下水の測定は地表水より困難である．地下水は地表の地形には沿わずに地下の不透水層（基盤岩）の地形に沿って流れる．土層中にはいろいろな大きさの孔隙があり，それぞれ水が流れる量も速度も異なるので，全体としてどれくらいの水が流れているのか簡単に測定することはできない．測定するには，土壌の孔隙分布，飽和・不飽和の透水性，保水性などの情報を得た上で，地下水位，土壌水分の圧力，土壌水分量を複数の地点，深度で連続観測する必要がある．対象とする森林が渓流の流域である場合は，地下水として流域から流れ去る水量は無視できると仮定することが多い．対象とする森林が斜面に位置する場合は，斜面の下に溝（トレンチ）を掘って地下水を集水することが試みられる．

　最近では，これまで不透水層と考えられてきた基盤岩の中にも，割れ目などを通って流れる水がかなりあるということがわかってきている．このような水の流れは直接観測することが不可能であり，同位体や溶存物質濃度の観測結果から，その流れを間接的に推定するしか方法がない．

　iii）蒸発水量の測定　蒸発とは，液体の水が気体の水蒸気に相変化し，上空に輸送される現象である．相変化にはエネルギー（潜熱）が必要であり，蒸発水量は水収支と同時にエネルギー収支にも関係している．地表面からの蒸発水量は気象条件と地表面の条件の両方に左右される．森林は他の土地被覆よりも蒸発水量が多いという特徴があり，森林の葉や枝の表面積が広いこと，森林が空気力学的に粗い地表面であること，活発に光合成と蒸散を行うこと，などがその主な理由である．蒸発水量が多いことは，水資源の損失につながる場合もあるので，森林の水源涵養機能を理解する上で蒸発水量を正確に知ることは重要である．

　近年は，水蒸気の輸送過程を直接測定できる超音波風速温度計，水蒸気変動計などの測定機器が開発されている．森林の樹冠よりも高いタワーがあれば，そのタワー上にこれらの機器を設置して動かすことにより，蒸発水量は直接測定できる．難点は，これらの機器は電源を必要とし，長時間の連続運転が困難なことである．そのため，これらの機器を短期間だけ動かして数値モデルの係数を同定し，他の期間は樹冠上の一般気象観測のみを行い，モデルを用いて蒸発水量を推定するということが行われる．日本のように明瞭な季節がある地域では，係数は季節ごとに別々に決める必要がある．

　この方法の欠点は，雨が降っている最中には機器が濡れて正確な測定ができず，降雨中の蒸発水量が測定できないことである．降雨中の蒸発水量を求めるには，まず樹冠遮断量を測定する．森林内に雨量計を置いて樹冠通過雨量を測定し，木の幹にホースやウレタンマットを巻いて幹をつたって流れてくる水（樹幹流）を集め，その水量を測定し，降水量との差を求めると，降雨のうちどれくらいの水が樹冠に遮断されたか（樹冠遮断量）が求められる．樹冠遮断量は降雨中に蒸発した水量と降雨後，濡れた樹冠が乾く間に付着した水分が蒸発した水量の合計であるため，後者が直接測定で求められれば，前者が求められる．

こうして求められた降雨中の蒸発水量は予想以上に大きく，蒸発に必要な潜熱が供給される仕組みを鉛直一次元の熱収支から説明できないことが多い．エネルギーが横方向から供給されている（移流）という仮説や，雨滴が枝葉に衝突して砕かれ，水蒸気ではなく直径の非常に細かい水滴となって上方に輸送されているので潜熱を必要としない，という仮説などが検討されている．

iv）貯留水量と水収支の評価 森林の水収支には，流入，流出，蒸発する水量以外に，森林内に一時的に貯留されている水量があり，この4項目の収支は理論上ゼロになるはずである．一時的に貯留されている水量はそのほとんどが土層内に存在し，その水量は土層中の水の流れを測定する方法と同じ測定機器を用いることにより測定可能であるが，空間的ばらつきが非常に大きいので，面積が広ければ広いほど測定は困難である．貯留水量は時間的に変動しているが，1年間などの長い期間をとれば貯留水量の差は他の3項目に比べて相対的に小さくなるので無視でき，流入水量＝流出水量＋蒸発水量となる．この式より，流入水量と流出水量を長期間測定すれば，蒸発水量が求められる．日本の各地の森林に設けられた量水堰で観測された結果から，森林流域からの蒸発散量は北日本で400〜700 mm，西日本で700〜800 mm，南西諸島で1000 mm程度であることがわかっている．また，蒸発水量を既知として逆算された貯留水量の変動幅は，200〜300 mm程度であることもわかった．

以上のように，森林の水収支は大枠では把握されてきているものの，洪水時や渇水時における詳細な水収支に関しては，画期的な測定手法が開発されていないこともあり，まだ研究途上の段階である．

b. 森林の水源涵養機能評価のための方法

前項で，森林の水収支を精密に観測することは現在の科学のレベルでは困難であることを述べてきた．近年，人工林の管理放棄による水源涵養機能（緑のダム機能）の劣化が心配されているところであり，水源涵養機能を適切かつ簡便な方法で評価することが必要とされている．しかし，森林の水収支や水循環を測定する方法は専門化，高度化，高価化の一途をたどっており，科学者はきわめて限られた研究フィールドに高価な測器を大量に設置し，それらを精度管理しつつ長時間連続で動かし，得られた膨大なデータにコンピュータ上で高度な解析を行う，というやり方で研究を行っている．そのようなやり方を全国いろいろな場所に適用することは，時間と手間がかかりすぎて不可能である．また，水源涵養機能を「洪水緩和機能」「渇水緩和機能」「水質浄化機能」などに細分化し，それぞれを個別に評価しようとしても，例えば蒸発水量を増やすように森林を誘導すると，洪水緩和機能が強化されるが，渇水は逆に激化する，といったように各機能がトレードオフの関係にあることが明らかになる．そのため，現実に水源涵養機能の評価を求められても，科学的な手法はあまり役に立たないといわざるを得ない状況である．

森林は，個別にみればそれほど強力でない機能を多数同時に備えていることにその特徴があり，それらを細分化して個別評価を行うことは，科学的であったとしても，森林の機能を総合的に判断する方法として適切とはいえないと考えられる．これまで

日本の森林は長い間，科学的に適切な評価手法をもたずに，いわゆる予定調和論（コラム参照）に基づいて管理されてきた．これに対して数多の批判が繰り返されてきたにもかかわらず，現在の日本の森林政策は相変わらず，木材を生産できる森林が公益的機能も発揮するという「公益的機能の予定調和論」によっている．木材生産を第一目的としない森林の積極的造成をも視野に入れた，予定調和論に代わる新たな森林の水源涵養機能の総合的評価法を確立することが森林科学者の急務となっている．

（蔵治光一郎）

参 考 文 献

牛山素行編（2000）：身近な気象・気候調査の基礎，p.195，古今書院．
蔵治光一郎，保屋野初子編（2004）：緑のダム―森林・河川・水循環・防災―，p.260，築地書館．

---[コラム：予定調和論]---

　林業がしっかり行われていけば，結果として良好な森林が維持されるという考え方．いわば林業という産業政策が「予定調和」のように環境としての森林もつくり出すというもの．1964年の林業基本法制定以降，日本の林業政策は「分離独立主義」と「予定調和論」をその特徴をしており，これは2001年の森林・林業基本法でも基本的に変わっていない．予定調和論に対して，林業のための森だけしか造成されないこと，経済的に採算が合わなくなった森林が放棄されること，科学的に調べると予定調和しない現象が見いだされることから，長い間批判の対象となってきた．しかし人工林の手入れ不足問題が顕在化するにつれ，人工林を手入れする仕事を毎年コンスタントに保障するという予定調和論に基づいた仕組みを捨て，現代の市場理論にゆだねることは必ずしも得策ではないのではないか，という「予定調和肯定論」も最近提起されている．

3.10　物　質　循　環

　この節では，森林生態系における物質のストックとフローの測定方法について概説する．

a． 森林生態系の物質循環

　森林生態系において最大のバイオマスを有する植物体を構成する主要な物質として，炭素，窒素，カルシウムなどのミネラルがあげられる．これらの物質は他の生物や土壌などの森林生態系を構成する環境，さらに大きな意味での生態系の一部である大気との間を循環している．生物-非生物間の相互作用系としての森林生態系を理解するために，物質の循環機構の解明が行われる．

森林生態系での物質の循環　　図3.12に森林生態系の主要な構成物質である炭素・窒素・ミネラルの循環を示す．炭素が大気とのやりとりを主な経路にするのに対し，窒素は生物的窒素固定や脱窒を通じた若干の大気との経路をもち，一方ミネラルは主要な起源が母材であるなど，それぞれ特徴的な循環経路をもち，炭素・窒素・ミネラルの循環は3つに大きく分けて考えることができる．

b． 森林生態系の物質収支とその測定方法

　ⅰ）炭素収支　　前述のように炭素は大気とのやりとりを主な経路とする開放的な

3.10 物質循環

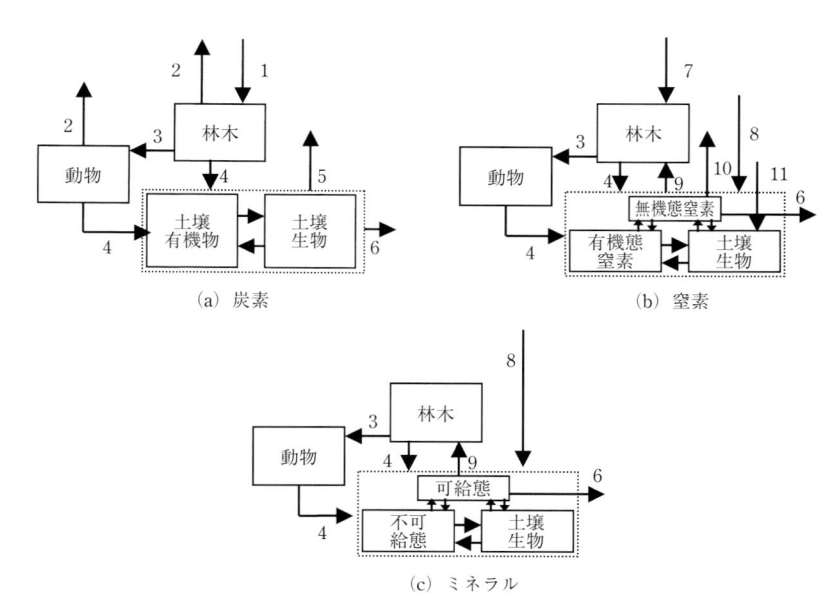

図 3.12 森林における物質循環の経路（文献1を改変）
各コンパートメントでのやりとりを示す．点線で囲んだ部分は土壌中での動きである．
1：光合成，2：呼吸，3：被食，4：リターフォール，5：土壌呼吸，6：流出・侵食，7：N固定（共生），8：降水，降下粉塵，9：林木による吸収，10：脱窒，11：N固定（非共生）．

循環を行う．しかしながら，古くはガス態の測定の困難さから，一定期間における森林生態系の各部位の炭素貯留量の変化量をもって収支とする「積み上げ法」が発達した．近年では測定技術の進歩から，森林生態系を大きなプールとみなしたガス態での収支を測定する「フラックス法」も一般的になっている．これら2法の比較では，現在のところ実際に固定された炭素からなる樹体を測定する積み上げ法の精度が高いとされている．土壌炭素の蓄積が植物によってなされることからも明らかなように，土壌炭素量の変化も生態系の炭素収支に含まれる．しかしながら，短期の時間スケールにおいてはその変化量の把握は容易ではなく，火山灰などからの一次遷移における変化を除いては明らかにすることは困難である．

（1）積み上げ法： 植物の現存量（乾重量）の測定と各種の損失量の測定に基づいて純生産量を求め，さらにそれに呼吸量を加えて総生産量を求める方法を現存量法，収穫法あるいは積み上げ法と呼んでいる．

$$P_n = \Delta B + L + G$$
$$\Delta B = B_2 - B_1$$

ここで，P_n は一定期間内に植物体となった有機物量（純生産量），B_1，B_2 は期間開始時（t_1）と終了時（t_2）の植物体現存量，L はその間の枯死・脱落による損失量，G は植食性動物の摂食による損失量（被食量）を表す．

[方法]
① 調査区の設定：1辺の長さは対象とする森林の最高木の樹高より長いことが望ましい．
② 毎木調査：調査区内のすべての木について，種類，胸高直径（D），樹高（H）などを測定する．必要な場合は伐倒調査を行い，これらから，3.8節で示された相対成長関係を求め，森林生態系の蓄積量を推定する．調査はある期間をおいて2度行い，一定期間での蓄積の増加量（ΔB）のおよび枯死量（枯死による損失量）を推定する．
③ リタートラップの設置：落葉落枝量（脱落による損失量）を推定するために，1 m^2 程度の円形の枠にナイロンなどでできたメッシュを取り付け，下方は閉じずにひもでしばっておく．このようなトラップを対象とする調査区の1/100程度の面積に1個の割合で設置する．1カ月に1度程度，トラップ内の落葉落枝を回収し，風乾して葉，枝，樹皮，花，実，（虫糞）などに分ける．葉は樹種ごとに分けるのが望ましい．調査は1年間を通じて行い，80℃程度で乾燥させて重量を量り，年間の落葉落枝量とする．
④ 被食量の推定：前述のリタートラップにはいる食葉性の虫糞を測定し，摂食量を求める方法が一般的である．対象とする植食性動物を飼育し，摂食量と糞量との関係を求める．このほかにも鳥類や大型動物の被食量があるが，推定は困難である．
⑤ 試料の分析：集められた試料は，各部位ごとに粉砕し，あるいは必要に応じて分解し，炭素の分析に供する．それぞれの濃度が求められたら，蓄積量あるいは落葉落枝量と掛け合わせて，それぞれの物質量とする．

(2) 微気象学的方法（フラックス法）： 森林の上層において，二酸化炭素のフラックスを測定し，その収支から一定期間の炭素の固定量を求める方法である．実際には，森林の上空で風速の鉛直成分と二酸化炭素の濃度を測定する．継続的に測定することができるので，一定期間の二酸化炭素の固定量が求められる．測定は水平で一様な地形上で行うことが望ましい[2]．

ⅱ）窒素・ミネラルの収支　　大気中とのやりとりが主体である炭素に対して，窒素やミネラルは植物-土壌間での循環が主である．窒素・ミネラルは水を媒介として循環するため，水の動きを把握することが重要になる．すなわち，森林生態系外からの窒素・ミネラルの流入量は，降水に溶けた形であるいは乾性降下物としてもたらされ，流出は渓流水として生じ，3.9節でみたように水の収支を測定するための量水堰を用いた測定となる．それぞれの物質濃度を測定し，降水量あるいは流出水量にかけたものが，窒素・ミネラルの森林生態系での収支である．現在，水溶性の窒素・ミネラルの濃度の測定にはイオンクロマトグラフィーが用いられることが多い．

[方法]
① 降下物の採取：降下物には湿性（降水）と乾性（粉塵）が存在し，両方をまとめて降下量（沈着量）とする．対象となる森林の外に降下物を採取する装置を

3.10 物 質 循 環

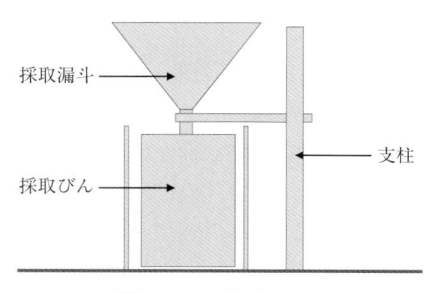

図 3.13 降水採取装置

設置する．開空度は 90°以上確保されることが望ましい．採取装置は各種報告があるが，最も簡単なものは漏斗と保存びんとの組合わせで行われる（図 3.13）．1 降水ごとの質の違いや試料の変質を考慮し，1 降水単位あるいは 1 週間単位などで回収する．

② 量水堰の設置：森林生態系からの水収支を求めるため量水堰を設置する．渓流水の水質は流量によって大きく変動することが知られており，定期観測としては平水時に一定間隔で採水を行う．

③ 物質濃度の定量：得られた試料は分析まで冷蔵庫に保存し，イオンクロマトグラフ法などにより成分濃度を求める．

④ 収支の計算：降水量と成分濃度から森林生態系への物質の収入を，量水堰からの流出量とその成分濃度から支出を求める．物質収支の計算においては，渓流水量が大きい期間（降水時）の影響があるため，降水イベント内での濃度・流量の変動を求めて補正を行うことが望ましい．

iii）**植物による吸収**　樹木は森林生態系内で最大のバイオマスを示し，植物による吸収は物質循環の機構・収支に大きな影響を与える．特に窒素は，森林生態系内に蓄積されたものが，分解・吸収・同化され，再び植物体を形成し，落葉落枝となって土壌に還元され，再び分解されるという再循環経路を主な循環過程としている．すなわち，植物による吸収が収支にはみえない大きな動きとして存在していることを忘れてはならない．そのため，森林の伐採や攪乱などにより樹木が減少し，吸収量に変化が生じる場合，その収支にも変化が現れる．

〔徳地　直子〕

引 用 文 献

1) 堤　利夫（1987）：森林の物質循環，東京大学出版会．
2) 文字信貴（2003）：植物と微気象，大阪公立大学共同出版会．

参 考 文 献

木村　允（1978）：陸上植物群落の生産量測定法，共立出版．
依田恭二（1971）：森林の生態学，築地書館．
環境庁大気保全局大気規制課監修（1993）：酸性雨調査法（酸性雨調査法研究会編），ぎょうせい．

3.11 社会・経済

a. 理論的研究と実証的研究

社会科学には理論的研究と実証的研究がある．理論的研究は具体的なデータを使用することなく，もっぱら理論面だけの思考を重ねて一定の結論を導き出すものである．林業経済研究の分野では，例えば，かつて盛んに取り組まれた林業地代論などが理論的研究の典型事例である．ただし，理論的研究といっても現実に起こっている問題に触発されて取り組まれる場合が多い．林業地代論もまさにそうだったが，その模様を述べていくと本節の主題から離れるので，いまはこれ以上，触れないことにする．

他方，具体的なデータを使用して一定の結論を導くスタイルの研究があり，これが実証的研究である．林業経済研究における実証的研究としては林業政策，林業経営，林業労働，森林管理，山村問題，森林環境，木材流通など，人間生活と森林，林業に関わるさまざまな課題設定がありうる．そのため，理論的研究よりもはるかに数多く取り組まれている．これらの実証的研究の目的は，歴史過程を含む現実の諸過程や諸問題を分析し，問題の生じた諸原因を明らかにすること，問題の本質を解き明かすこと，あるいはさらに問題の解決に向けて基本的方向性を打ち出すこと，などである．そのために，実態がどのようなものか，細心の注意と方法を駆使して具体的なデータを収集しなければならず，その手続きが社会科学における調査にほかならない．

b. 調査の目的

社会科学における調査の種類は，おおよそ① 聴き取り調査，② アンケート調査，③ 文献・資料調査の3種類に分かれる．ただし，この3種類の概念が明確に区別されているわけではない．それぞれ重複するところがあり，判然と区別しがたい部分がある．

調査を行う場合，なぜそのような調査を行うのか，どのくらい詳しく調査して，調査対象をどこまで把握しようとするのか，などという調査の目的や必要性があらかじめはっきりしていなければならない．この点は，調査それ自体の精密さ，用意周到さもさることながら，その前段に位置する研究上の課題意識の鮮明さに規定されている．つまり，調査は研究の課題意識に基づき，その枠組みのなかで，当該研究が取り扱う具体的諸問題を明らかにするために実施するのである．

c. 研究上の課題意識

研究内容の善し悪しを決める大きな要素は課題意識であるといわれるが，研究における課題意識の深さ，明快さいかんによって調査内容や調査の質が決まる．なお，この課題意識には一定の仮説（hypothesis）が含まれる場合もある．社会科学は自然科学ほど仮説の設定が普遍的ではないものの，仮説を含むほうが興味深い研究であるという見方も成り立つ．

ところで，課題意識がどこから生まれてくるかといえば，いろいろなケースが考えられるが，一般的には自分の研究を含む，関連先行研究の成果を批判的に検討するなかからである．先行研究を批判的に検討することによって，次の研究の必然性が生まれる．それは，先行研究では不十分だった結論をはっきりさせようとする課題意識で

あったり，あるいは先行研究とは対立的な結論を得ようとする課題意識であったりする．研究を発展させるためには，先行研究を批判的に摂取する態度を堅持しなければならない．

d．社会科学における調査

このような過程を経て形成された研究上の課題意識に基づいて調査を行うことになるが，その調査においても先行研究の調査のありかたが参考になるはずである．先行研究では不十分だった調査方法をさらに発展させた調査を行う必要があるからである．そして，ここではじめて調査に取りかかる．その調査は上述の通り，大別すると①聴き取り調査，②アンケート調査，③文献・資料調査である．

i）聴き取り調査　聴き取り調査は，とにかく調査対象者から非常に詳しい回答を得たいときに実施される．農家調査，林家調査，労働力調査などに際して採用される場合が多い．聴き取り調査に当たり，できるならば簡単な予備調査を数軒分（数人分）実施して，その結果をふまえて周到な内容の質問項目を調査表にまとめるのが望ましい．そして，調査表を手にしながら，そこに書かれている質問項目に従って面接調査（本調査）を行う．面接調査にどのくらいの時間がかかるかは，もちろん調査表の質問項目の多寡によるが，決して短い時間ではない．そのため，聴き取り調査には体力と精神力が必要とされる．たとえ若い研究者であっても，数人の面接調査を行うと疲れてくる．それをカバーするには，一人で調査を行うのではなく，複数人でチームを編成して行い，互いに励まし合うことも重要である．

質問項目のうち金額に関するような微妙な問題にはなかなか答えてくれないか，答えが返ってきても必ずしも正しい内容であるとは限らない．そのようなとき，話術を駆使して回答者から正しい答えを引き出す力量や，答えてくれた内容の信頼度がどの程度か見抜く力量が必要になる．こうした能力は，この種の調査を重ねることによって備わってくる．

聴き取り調査の場合，通常，何人ぐらいの対象者に質問するかは，もちろん定まっていない．調査チームを何人で構成するか，調査対象者一人一人への質問にどのくらいの時間がかかるのか，主にこの2つの要因によって調査対象者の人数がおのずと決まってくるが，一般的には1回の聴き取り調査で十数人から数十人ぐらいであろう．

ii）アンケート調査　アンケート調査は，聴き取り調査ほどには詳しい回答内容を必要とせず，むしろ多くの回答者の回答から一定の傾向（ただし，聴き取り調査も一定の傾向を追求するのは当然であるが）を抽出しようという場合に採用される．そのため，聴き取り調査よりも多くの調査対象者を扱うのが一般的で，数十人から百数十人，ときには数百人にものぼる．

アンケート調査の質問項目作成にあたっても，やはり数人分の予備調査を実施して適切な質問項目を決定するほうがよい．その質問項目をアンケート表にまとめて，回答者に送付（手渡し）したのち，質問者がいない場所で回答してもらうので，質問内容は平易でわかりやすく，質問項目が多すぎず，かといって質問したいポイントが要領よく盛り込まれている，というのがベストである．そのため，聴き取り調査よりも

質問表の作成は難しいかもしれない．

　アンケート調査の回答率は絶対に100％にはならない．質問の量と内容次第ではかなり低い場合もあるであろう．あまりに低い回答率ならば，当該研究のデータとしては使用すべきではないが，回答から一定の傾向を抽出しうると評価できるならば，ある程度，低い回答率でも使用してよいと思う．その判定は，研究者としての価値判断と良識に従って行われることになる．

　iii）文献・資料調査　　文献・資料調査は官庁，林家，団体などを訪問して，現状の政策や経営動向などに関する重要な情報を収集したり，あるいは過去の事実を示す情報を得ようとするときに行われる．その場合，応対してくれる担当者に研究の目的を伝え，その目的にかなう文献・資料を提供してもらったり，あるいはそれらが保存されている倉庫などに案内してもらって，研究者が自分で探す場合もある．官庁，林家，団体などは研究者の要望に応える義務を負っていないので（それは，上の2つの調査でも同じであるが），果たして会見に応じてくれるかどうか，文献・資料を提供してくれるかどうかは，研究者の態度と説明いかんによる．そのため研究者は真摯に，誠意をもって担当者に説明することが重要である．

　iv）調査形態の重複など　　先方の担当者に会見するのは，なにも文献・資料調査のときだけではない．聴き取り調査やアンケート調査でも，まず行政機関や団体の担当者に会って調査の目的を説明したり，調査実施上の便宜を依頼したりするのが通例である．このような場合，調査の実施方法は重複しているといえる．また，街頭や観光地などでインタビューを行う場合，それは聴き取り調査であるが，簡単なアンケート用紙を用意していればアンケート調査でもある．いずれにしても調査は所期の目的における資料や情報を得ることが最大の課題なので，必要以上に調査の形態や方法にとらわれることはない．自由な形態で実施してよいのである．このような調査形態において，いずれが優れていて，いずれが劣っているのかという言い方はできない．研究の目的に応じ，その目的を達成するにふさわしい調査方法は何かを考えて，具体的調査方法を選択すべきである．

　e．データの整理と解析，そして回答者への事後対応

　以上のような方法で収集したデータを一定の視点から整理し，解析する．データの示す内容を全面的に採用するか，あるいはデータから大まかな傾向を読み取るにとどめるかは，研究者の合理的な判断による．そして，データが物語る意義を，研究の課題意識と関連させつつ結論部分に位置づけることになる．課題意識に仮説が含まれているならば，結論部分で仮説を検証しなければならない．こうした作業の全体が，当該研究の理論水準を示すこととなる．

　なお，研究成果が印刷されたならば，調査に協力してくれた人たちに印刷物を送付するなどして，成果を伝えるべきである．それが研究者としての礼儀であり，義務である．

（神沼公三郎）

4. フィールドサイエンスのためのデータ解析

はじめに

　　第4章では第1〜3章を受けて、「フィールドサイエンスの実際」「フィールドサイエンスの最前線」「フィールドサイエンスのデータ解析」という内容でまとめられている。具体的には、研究トピックスの解説、フィールドの現象をどう解釈し、どう考えるかについての解説、なぜそのような結論が得られるかについての解説などがこの章の特徴である。特に執筆者が実際に現場で取ったデータや論文などに公表されている図表を使っての解説は、大変わかりやすく、説得力があると思われる。このようにフィールドの現場で観測された事象や積み重ねられたデータによる解析により、フィールドで起こる現象が解明され、理解が深まっていることを感じていただくこともこの章の大きな目的の1つである。

　　もちろんページ数の都合で、すべての項目が網羅されているわけではないが、その分は引用文献・参考文献が数多く明示されているので、それらを参照することをお勧めする。

（中島　皇）

4.1 植生遷移・更新動態

a. 植生遷移と更新動態の解析

　　森林の動態の中で、植生遷移（ecological succession）は時間とともに優占種の交代が起こって次々と植生が変化していく現象であり、更新動態（regeneration dynamics）は、森林において次の世代の樹木がどこでどのようにして生育していくかという世代交代の仕組みである。植生遷移が森林を群集としてとらえる視点をもっているのに対し、更新動態は個々の種に着目する。植生遷移や更新動態を研究するためには、まずフィールドにおいて森林生態系を構成する種の記載とそれぞれの量的測定が必要である（3.3節参照）。通常はそれぞれの種の優占度（dominance）が量的指標とされ、樹木の場合は、高さ1.3 mでの幹の直径から求めた胸高断面積（basal area, BA）か、単位面積当たりの生きている幹の本数である本数密度、およびそれらの種ごとの相対値（％）が用いられる。BAは森林生態系におけるそれぞれの個体あるいは種の空間的配分を反映し、本数密度は発生起源が実生か萌芽かという違いを含めて遺伝的に重要な測度である。しかし、BAは少数の大径木の影響が大きく、本数密度は多数の小径木の影響が大きいため、BAおよび本数密度の相対値の平均であるBA本数優占度（％）が用いられることもある（表4.1）。これらの測度を用いて森林植生を記載し現状分析と将来予測を行う。その際に、サイズの頻度分布（図4.1）やD（胸高直径）-

表 4.1 鳥取県大山のミズナラ・ブナ林（Type Q-F）における樹種ごとの本数優占度，BA（胸高断面積）優占度，BA 本数優占度および BA 合計（5林分の平均値）[1]

	本数優占度 (%)	BA 優占度 (%)	BA 本数優占度 (%)	BA 合計 ($m^2 \cdot ha^{-1}$)
ミズナラ	72.8	71.7	72.3	43.2
ブナ	13.2	23.6	18.4	14.2
アズキナシ	7.4	2.8	5.1	1.7
イタヤカエデ	4.7	1.6	3.2	1.0
コシアブラ	2.2	0.2	1.2	0.1
合　計	100.3	99.9	100.2	60.2

ミズナラは本数優占度と BA 優占度が同じくらいの値を示すが，ブナは少数の大径木，その他は多くの小径木によって優占していることがわかる．

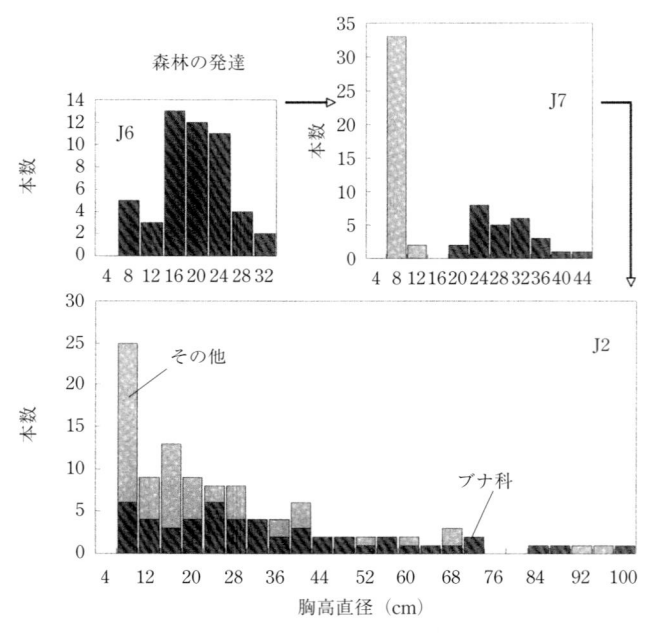

図 4.1 林分構造からみた鳥取大学 FSC 教育研究林「蒜山の森」における遷移の時系列化[2]
J6, J7, J2 はプロット名，黒い棒はコナラ，ミズナラ，クヌギなどのブナ科の樹種，灰色の棒はその他の樹種を示す．森林が発達するにつれて，ブナ科の樹種の優占する森林から他の樹種を含む多様な森林に推移していくことが読み取れる．

H（樹高）関係図，あるいは樹冠投影図や階層構造図（図 4.2），種順位曲線などを描いたり，それぞれの森林における種多様度（シャノンの H' やシンプソンの多様度指数）[3] や相互の植生類似度あるいは個体の分布様式や分布相関などを算出すると考察しやすい．種多様度は種数と優占度の配分を反映し，種多様性の高さは将来の優占種を予測することの難しさも示している．

　森林の成立や再生プロセスを含めた森林生態系の動態を明らかにするためには，時間に関する情報が重要な意味をもつ．すなわち人工林では樹齢がそろっており，植栽記録も残るので過去の情報を得ることは比較的容易である．しかし天然林の場合は樹

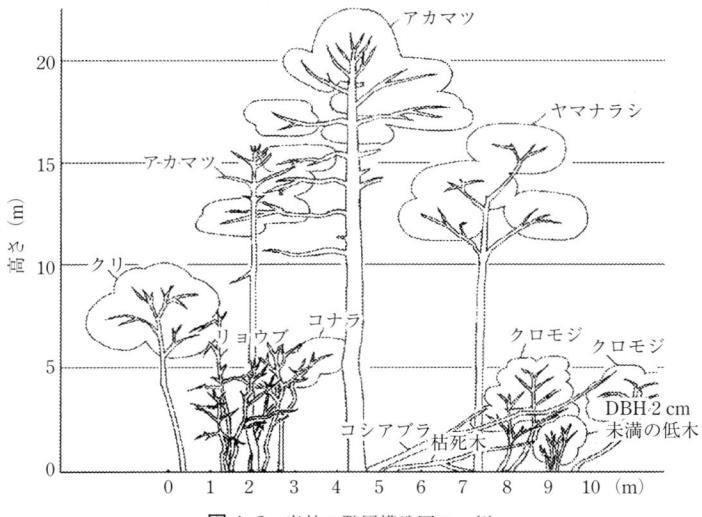

図 4.2 森林の階層構造図の一例

鳥取大学 FSC 教育研究林「蒜山の森」における 2004 年 10 月の森林科学実習 2 年生 1 班のデータ．現在は上層にアカマツの優占する二次林であるが，中層や下層にはアカマツはみられず広葉樹類が更新しているので，遷移が進行すると将来的には広葉樹林になっていくと考えられる．

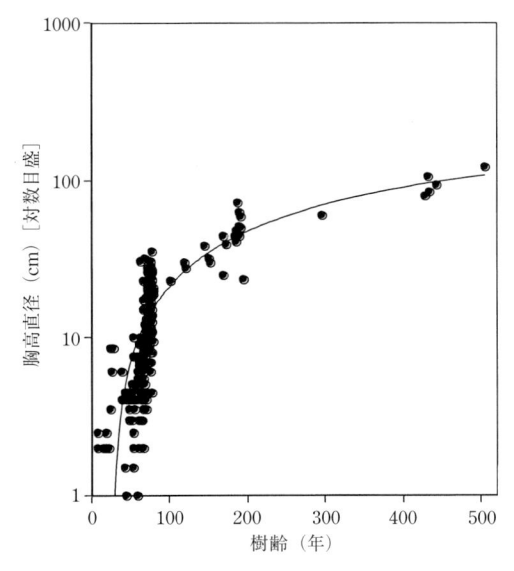

図 4.3 北海道のミズナラ天然林におけるサイズ（胸高直径）と樹齢の関係[4]

同じ樹齢であっても様々なサイズの個体が存在する．逆にいえば，サイズが同じであっても樹齢は同じとは限らない．

齢とサイズは必ずしも直線的な関係にないので，樹木の大きさによって森林の動態を推定することには無理がある（図 4.3）．したがって，伐倒した樹木の円板や成長錐で採取したコアの年輪数と年輪幅，年輪に刻まれた傷や巻き込みが生じたときの年代などの時間に関する情報が必要となる．稚樹では枝階あるいは芽鱗痕によって樹齢と

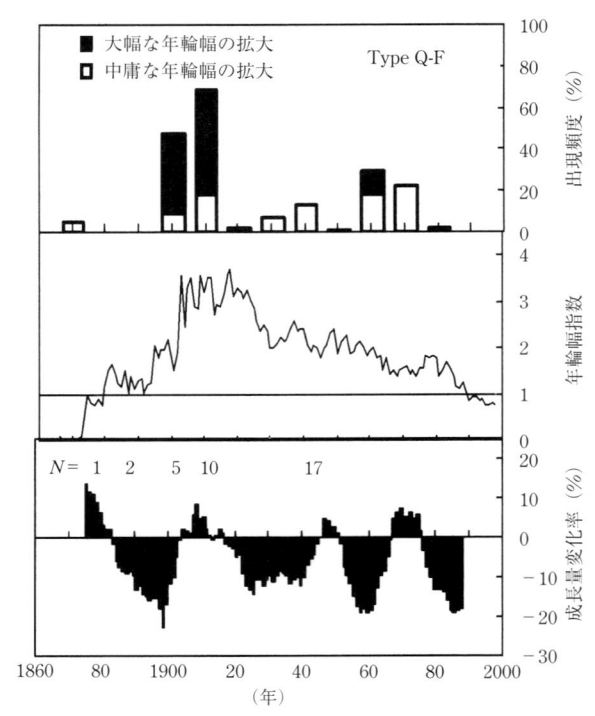

図 4.4 鳥取県大山のミズナラ・ブナ林（Type Q-F）における年輪幅の変動[1]
上から，リリースされた年代ごとの出現頻度，年輪幅指数，成長量変化率．それぞれの変動は攪乱を受けた年代を示している．この林分の例では，1900 年頃と 1940 年頃および 1960 年頃に攪乱を受けたと考えられる．

伸長成長量を知ることもできる．樹齢の頻度分布からは更新の連続性からみた樹種の特性が明らかになり，不連続の場合はその原因となった大規模攪乱が推定できる．年輪幅の変動からは，周囲の樹木が倒れて生育条件が良好になったときに年輪幅が広くなることを利用して，単木的な小規模攪乱が推定できる．年輪幅は一般的に成長とともに狭くなるので，それを補正した年輪幅指数（ring width index，RWI）や相対的な変化を表す成長量変化率（percentage growth change，％GC），および年輪幅の拡大（major/moderate release）に基づいて解析される．年輪幅指数は，個体間での成長の良否に左右されずに肥大成長量を比較するために考えられた．これは各個体の年輪幅成長量の時系列に直線あるいは曲線をあてはめ，得られた期待値で実測年輪幅成長量を除したものである[5]．成長量変化率は $|(M2-M1)/M1| \times 100(\%)$ で求められる．ここで，M1 は過去 10 年間の平均肥大成長量，M2 は先 10 年間の平均肥大成長量を表す[6]．また年輪幅の拡大は，攪乱によって周囲に倒木が生じ，残された樹木の光環境が好転して年輪幅が広がった期間と割合によって判断される．すなわち，先 15 年間の平均肥大成長量が過去 15 年間の平均肥大成長量の 100％以上増加していたら大幅な年輪幅の拡大（major release），先 10 年間の平均肥大成長量が過去 10 年間の平均肥大成長量の 50〜100％増加していたら中庸な年輪幅の拡大（moderate release）とする[7]．例えば図 4.4 では，これまで 3 回の大きな攪乱が生じたことを示している．

また，時間情報によらない遷移段階の解析には，遷移度（degree of succession, DS）が用いられることがある（文献8を参照）．DS = $[(\Sigma dlc)/n] \cdot v$ で求められる．ここで，d は積算優占度（0〜100），l は生存年数（ラウンケアの生活形[3]により，Th：1・2年生植物は1，Ch：地表植物・H：半地中植物・G：地中植物は10，N：微小地上植物は50，M：小型地上植物・MM：大型地上植物は100），n は種数，v は植被率（0〜1），c は極相指数（草原の草は1，林床の草は2，先駆樹は3，中間の耐陰性の樹種は4，極相樹は5）を表すが，c は省略可能である．さらに，植生類似度に基づいたクラスター分析や様々な序列化（ordination）などの多変量解析が複雑な要因を単純化してくれる場合もあり，ある個体が同種あるいは他種に置き換わる確率と初期の種組成をパラメータとした推移行列モデルなどが利用されることもある．

　植生遷移や個々の種の更新動態をさらに詳細に明らかにするためには，攪乱による環境変化と樹木の対応について，それぞれの種の特性，例えば生育立地や耐陰性などの生理生態学的特性，種子の大きさや散布様式，萌芽能力などの繁殖生態学的特性，枯死率や寿命などのデモグラフィックな特性を調べる必要もある．現存する森林の成立時期や過去の攪乱履歴および今後の遷移や動態については，これらの情報を総合して推定する．

〔佐野　淳之〕

引用文献

1) Fujita, K. and Sano, J. (2000)：*Canadian Journal of Forest Research*, **30**：1877-1885.
2) 佐野淳之，武田信仁，大塚次郎（1997）：森林応用研究, **6**：17-20.
3) 伊藤秀三編（1977）：群落の組成と構造　植物生態学講座2，朝倉書店.
4) Sano, J. (1997)：*Forest Ecology and Management*, **92**：39-44.
5) Fritts, H. C. and Swetnam, T. W. (1989)：*Advances in Ecological Research*, **19**：111-188.
6) Nowacki, G. J. and Abrams, M. D. (1997)：*Ecological Monographs*, **67**：225-249.
7) Lorimer, C. G. and Frelich, L. E. (1989)：*Canadian Journal of Forest Research*, **19**：651-663.
8) 沼田　真編（1977）：群落の遷移とその機構　植物生態学講座4，朝倉書店.

b. 古生態学的手法

ⅰ）花粉分析による森林動態の研究　　森林の動態を考えるとき，時間スケールを長くしていくと，数年ではめったに起こらないような寿命による倒木や火事などの事象を観察できるようになる．このような事象を研究する方法として，近年，大面積のプロットを長期観察する手法によって研究が進められている．さらに，古生態学的な研究手法を用いることにより，研究者の一生では観察できない長い周期で起こる事象をつかむことも可能である．ここでは，この古生態学的な研究手法を紹介し，現在行われている具体的な研究事例も示していこう．

　近年，研究が進んでいる森林動態を対象とした古生態学的研究では，数百年から数千年の間に起こる事象を明らかにできる．また，地球規模での気候変動に対しての森林の変化などについては，数千年から数十万年前までさかのぼることができる．このように，古生態学的研究では，時間軸に沿って，生物群集の復元を行う努力がなされている．

　手法としては，種子，葉，材などの大型植物遺体，花粉，微小炭化片などを堆積物

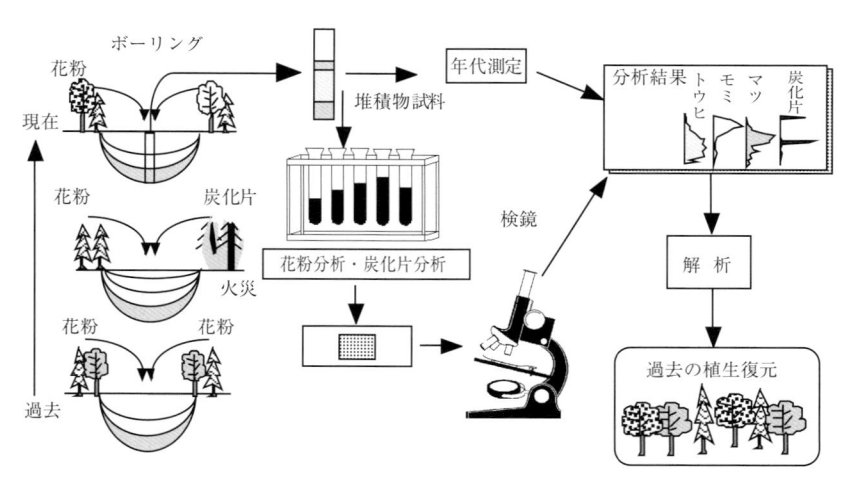

図 4.5 花粉分析法の概略

中から抽出して，それらの同定，定量が行われる．このうち花粉を対象とした手法である花粉分析法（図 4.5）について紹介する．

花粉分析法は，花粉のもつ次の性質によっている．花粉の形態は植物の種類によって異なっている．また，化学的に安定であるため，湿原や湖など嫌気的環境では，長期間にわたって堆積物中に保存される．さらに，花粉は大量に散布される．

堆積物には花粉のほか，森林火災によって散布された微小な炭（微小炭化片），植物が細胞内につくる植物珪酸体などが含まれている．これらの花粉や植物珪酸体の種類と量，炭化片量の時間的変化を調べることによって，植生の変化や火災などの攪乱を復元できる．また，火山噴火に伴う火山灰も堆積物中に残っており，火山ガラスの屈折率などの分析から，火山灰の噴源と噴出年代を知ることができる．堆積物の年代は，それ以外に，堆積物に含まれる種子や葉などの有機物中の放射性炭素 ^{14}C 量によって測定される．

さて，このような堆積物の古生態学的な研究は，寒暖の気候変動（氷期・間氷期変動）に対する植生の反応や植物の分布変遷を解明できる有効な手段である．近年，もっと時間スケールと空間スケールを小さくし，森林動態を明らかにしようとする研究が行われている．

これまで，花粉分析の対象となった比較的大きな湖や湿原では，その周囲の数百 m〜数 km 以上の範囲の植生から花粉が飛来している．しかし，森林に覆われた，直径数 m 程度の凹地堆積物（small forest hollow；図 4.6）では，半径数十 m の比較的小面積の植生を反映している（図 4.7）．このような堆積物の花粉分析によって，林分レベルでの森林動態を解明しようとする研究が北米や北欧で進んでいる[1]．これによって，北欧における過去 3000 年間のヨーロッパブナとドイツトウヒの分布拡大過程，北アメリカにおけるカナダツガの遠距離分布拡大，サトウカエデとカナダツガのモザイク状の森林の形成過程など遷移後期の森林への新たな種の侵入や，攪乱の頻度，攪乱後の森林の変化などが明らかにされている．

図 4.6 森林内の小凹地（small forest hollow；大台ヶ原七つ池）

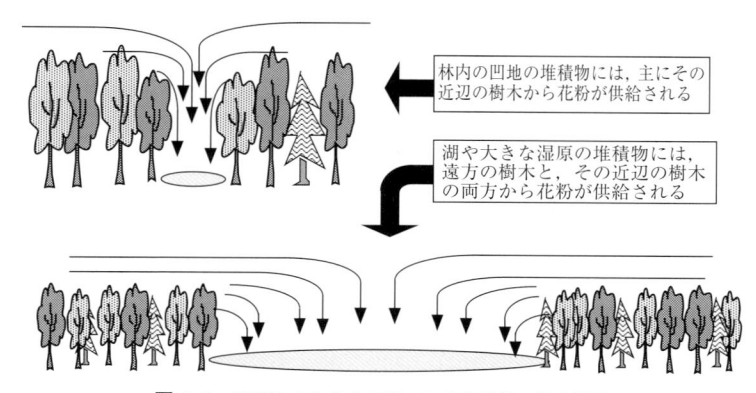

林内の凹地の堆積物には，主にその近辺の樹木から花粉が供給される

湖や大きな湿原の堆積物には，遠方の樹木と，その近辺の樹木の両方から花粉が供給される

図 4.7 堆積物の大きさの違いによる花粉の飛来範囲

　わが国では，林内堆積物の花粉や植物珪酸体分析によって，北海道大学雨龍研究林において，アカエゾマツ林分と広葉樹林分のモザイク状群落の成立過程の解明，京都大学の芦生研究林や京都府立大学の大野演習林付近，鳥取大学蒜山演習林などでは，森林火災による二次林化の経過などが明らかにされつつある．また，奈良県の大台ケ原では，ブナ-ウラジロモミ林におけるギャップ形成後の植生の変化が堆積物の分析によって解明されている．

　ii）花粉ダイヤグラムの解釈　堆積物の花粉分析を行った結果は，図 4.8 のように，出現した花粉の種類ごとに百分率で示されることが多い．図 4.8 は実際のデータに基づき，わかりやすくするため種類数を限定して模式的に示してある．

　さて，実際に，このダイヤグラムから，植生変遷を考えてみよう．この花粉の種類とそれぞれの量的な変化をみると，深度 110 cm 以下はスギ花粉がほぼ 65％，ブナ花粉が 20％前後でこの両者が優勢である．深度 110 cm より上の層では，アカマツ，クマシデ属，コナラ亜属（落葉のナラ類）花粉が増加し，スギ花粉は減少する．また，ブナ花粉の割合は半減する．このとおりの森林の量的変化があったとすぐに解釈することはできないが，スギとブナの優占した森林が，なんらかの影響で減少し，アカマツ，シデ類，ナラ類などからなる二次林へ変化したことが読み取れる．

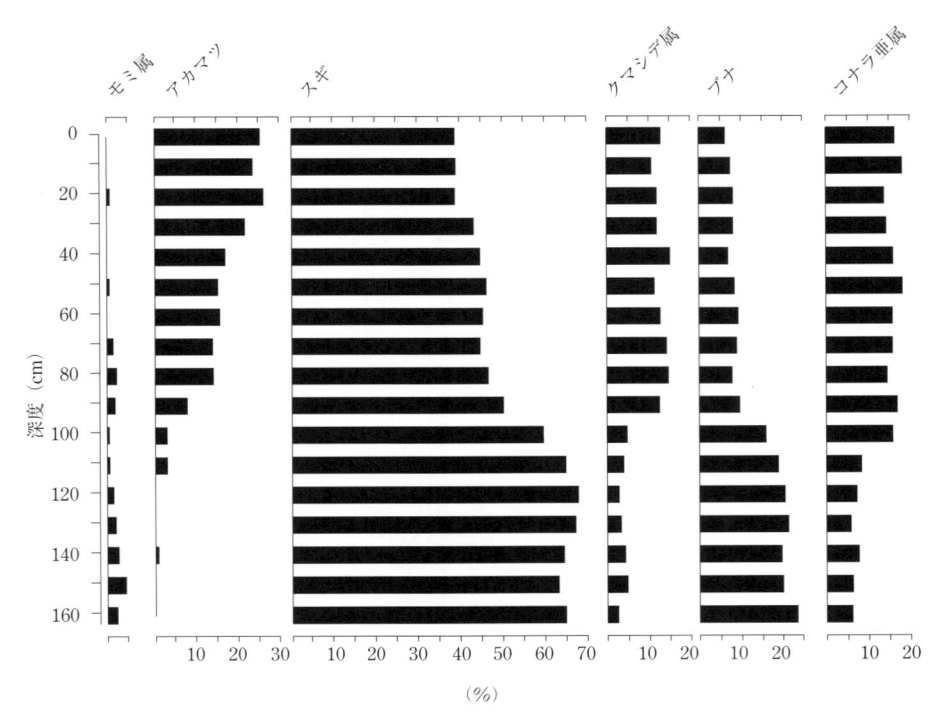

図 4.8 百分率 (%) で示された花粉ダイヤグラム

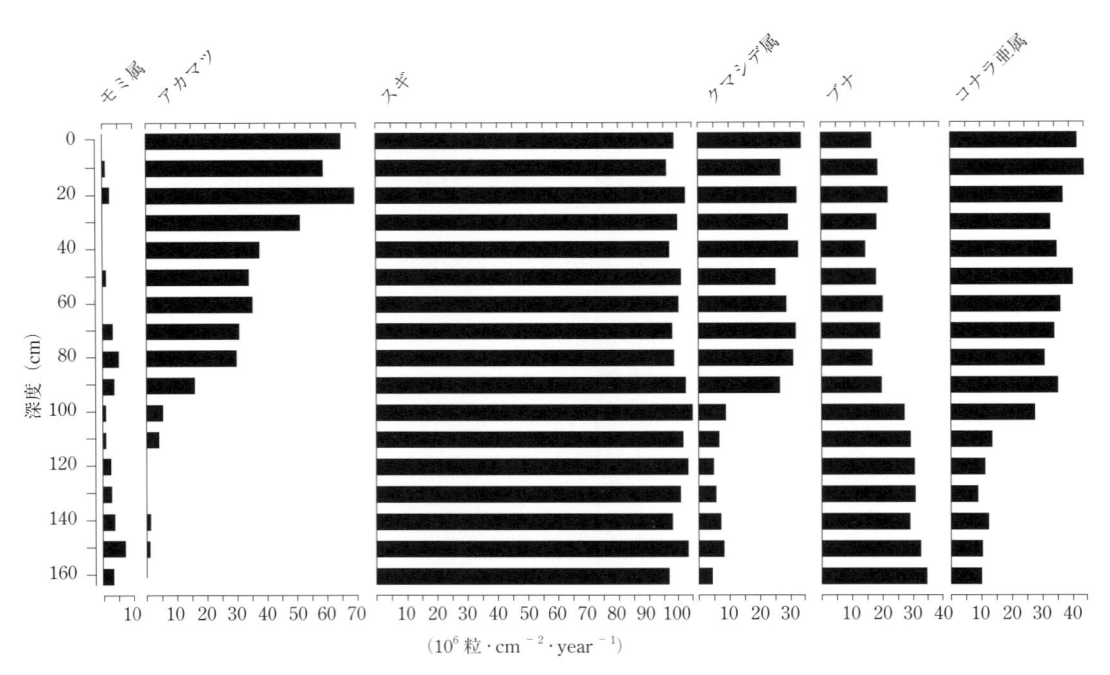

図 4.9 年間花粉堆積量で示された花粉ダイヤグラム

次に，この花粉分析結果を，百分率ではなく，年間当たりの花粉堆積量で示したグラフで表すと，図4.9のようになる．図4.9をみるとスギの年間花粉堆積量は下層でも上層でも変化せず一定である．ブナの減少も，図4.8のように百分率では半減していたが，2割くらいの減少にとどまる．つまり，アカマツ，クマシデ属，コナラ亜属などの堆積量が増加しただけで，スギもブナもそんなに減少してはいない．

この花粉堆積量のダイヤグラムからは，先に述べたような，スギとブナの優占した森林が減少して，二次林化したという解釈はできなくなる．つまり，単純に花粉分析の結果を百分率で示しただけでは，正確な植生変遷を示すことは困難なのである．

花粉の年間堆積量を推定するには堆積物の堆積速度を知る必要があるが，堆積速度は一定でない場合が多く，多くの年代測定値が必要となる．湖の堆積物では比較的堆積速度は一定で，条件がよければ，1年ごとの縞が形成されていることもある．

上記の2つのダイヤグラムのような花粉量の変化を起こす植生配置を明らかにするには，複数の地点での花粉分析のデータを比較することによって，各樹種がどのように配置していたかを明らかにする必要がある．

(高原　光)

引 用 文 献

1) 杉田真哉，高原　光 (2001)：四次元生態学としての古生態学が森の動態を画きだす．科学, **71** (1)：77-85．

参 考 文 献

高原　光 (2003)：生態学事典（巌佐　庸ら編），pp.86-87, 166-168, 共立出版．
高原　光，谷田恭子 (2004)：環境考古学ハンドブック（安田喜憲編），pp.190-204, 朝倉書店．

4.2 動 物 生 態

a. 林分構造が野ネズミの行動圏とその選好性に与える影響

森林に生息する野ネズミは，種子の捕食や散布だけでなく，根，茎（幹，稈），葉を採食したり，坑道を掘るために土壌を攪乱したりすることで，森林の更新に影響を与えている．これらの影響が及ぶ範囲は，野ネズミのホームレンジ（行動圏）に規定されている．そのため，野ネズミの行動圏とその選好性を明らかにすることは，森林の更新パターンとメカニズムを理解する上で重要である．そこで，森林の更新過程で生ずる林分構造の異質性が野ネズミの行動圏とその選好性に与える影響について，山形県小国町温身平の成熟したブナ林で調査・解析した結果を紹介する．

調査は記号放逐法で行った．野ネズミは夜行性で，体も小さく坑道や植物が生い茂った場所を好んで活動するため，直接観察が難しい．そのため，個体群動態や行動圏の調査は記号放逐法で行われることが多い．この方法は，生け捕りわなを調査地に一定間隔（10 m前後が一般的）で格子状に配置して野ネズミを捕獲する．捕獲した野ネズミは種類，性別，繁殖状態，および体重を確認，計測の後，指きり法などで個体識別をして捕獲地点で放す．そして，1～3回のわな見回りを3～5日間連続してこの作業を繰り返す．

捕獲された野ネズミは，ネズミ亜科のヒメネズミ（*Apodemus argenteus*），アカネ

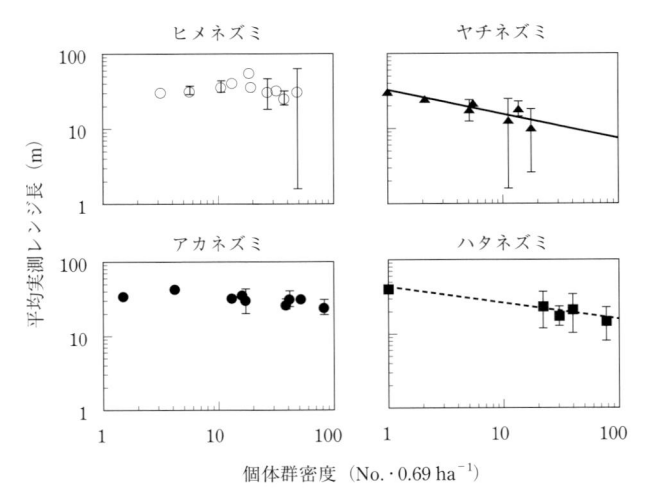

図 4.10 4種の野ネズミの個体群密度と実測レンジ長との関係

ズミ（*A. speciosus*），ハタネズミ亜科のヤチネズミ（*Eothenomys andersoni*），ハタネズミ（*Microtus montebelli*）の4種であった．これら4種の個体群密度と平均実測レンジ長の関係を図4.10に示した．ネズミ亜科とハタネズミ亜科の行動圏の大きさは，亜科内では差がないが亜科間では異なり，後者で小さく，個体群密度との間に負の相関が認められた．

　記号放逐法の結果から野ネズミの行動圏を推定するには，野ネズミが捕獲された格子点（捕獲点）の分布から図形的に推定する方法が一般的で，最小面積法，包括的周辺地帯法，および非包括的周辺地帯法がある．以上の方法は行動圏の視覚的認識に有効で，種間関係や種内社会性の検討などにも用いられる．一方，ここで示した実測レンジ長は捕獲点のうち最も離れた2点間の距離で，行動圏の指標として種間の比較や，季節変化を示すのに有効である．

　4種の野ネズミのI_B指数はヒメネズミ，アカネズミでは1.5〜2.0の範囲にあったが，ヤチネズミ，ハタネズミでは2.7以上の大きな値を示し，かなり集中度が高かった．I_B指数は動物の分布の集中性を示す指数で，

$$I_B = I_\delta \times \frac{N - 1/q}{N - 1}, \qquad I_\delta = q \times \frac{\Sigma \chi_i (\chi_i - 1)}{\Sigma \chi_i (\Sigma \chi_i - 1)}$$

ここで，q = 捕獲地点数，N = 調査日数，χ_i = i番目のわなの捕獲数，によって求められる．そして，$I_B > 1$のとき集中分布，$I_B = 1$のときランダム分布，そして$I_B < 1$のとき一様分布を表す．

　この結果と先の行動圏からブナ林における4種の野ネズミの行動圏の特徴を次のように考えた．ヒメネズミとアカネズミは不均質な構造を内包する広い行動圏をもち，比較的どの構造も利用している．それに対し，ヤチネズミ，ハタネズミは行動圏が狭いため，不均質な構造の一部分だけをその選好性により利用している．

　その構造を特定するため，林冠ギャップ，ギャップの縁，および閉鎖林冠下におけ

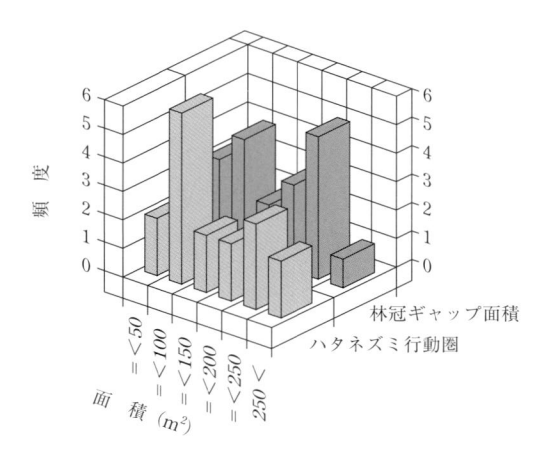

図 4.11 包括的周辺地帯法で算出したハタネズミの行動圏面積と林冠ギャップ面積の面積階別の頻度分布

る4種の野ネズミの捕獲頻度を比較した．その結果，ヒメネズミ，アカネズミ，およびヤチネズミでは捕獲頻度に差がみられなかったが，ハタネズミでは，林冠ギャップと閉鎖林冠下の捕獲頻度が異なり，林冠ギャップとの強い結びつきが示唆された．

成熟したブナ林における林冠ギャップの大きさは，最大でも 500 m² 程度で，ほとんどの林冠ギャップは 200 m² 以下である．そこでハタネズミについて，包括的周辺地帯法で行動圏の面積を算出し，その頻度分布と林冠ギャップ面積の頻度分布と比較した（図 4.11）．その結果，両者には有意な差（二標本コルモゴロフ-スミルノフ検定）が認められなかった．このことから，林冠ギャップは一時的なハタネズミの収容場所として十分機能していると考えられた．また，逆に林冠ギャップの大きさが，野ネズミの行動圏の大きさを規定する要因になっている可能性もある．

以上のことから，更新段階の異なるパッチがモザイク構造をなしている成熟したブナ林において，林冠ギャップが草原性と考えられているハタネズミのメタ個体群の一部を収容する場所として機能していることが明らかになった．すなわち，林冠ギャップは，植物だけでなく，小動物の種多様性を維持する上でも不可欠であると考えられる．

〔箕口 秀夫〕

b. 大型哺乳類による森林被害の評価

日本には，ツキノワグマ，ニホンジカ，ニホンカモシカ，イノシシの4種の大型哺乳類が生息しているが，このうちイノシシを除く3種が大きな森林被害をもたらしている．哺乳類による被害については，被害状況や対策について紹介されることが多く，調査方法については一般に紹介される機会は少ない．ここでは，大型哺乳類による森林被害に関して，被害データの解析まで含む調査全般について概観する．

i）森林被害調査項目　被害は，一般的に生物学的被害と経済的被害とに分けられる．生物学的被害は成長の遅れや樹体の損傷，更新の阻害などであり，それが経済的な悪影響を及ぼした場合に経済的被害となる．例えば，ニホンジカの枝葉摂食被害

図 4.12 ニホンジカによる樹皮食い被害跡（左）とツキノワグマによる樹皮剝ぎ被害跡（右）前者では 5 cm 未満の不揃いの歯型が，後者では 10 cm 前後の縦方向の歯型がみられることが多い．

では，成長の遅れや樹形の変形，枯死木本数の増加などが生物学的被害であり，被害回復のための補植などの余分な保育費用や木材として伐出されるまで要した年数の遅れや材価の下落が経済的被害となる．

　被害の評価で重要なのは加害動物種をきちんと特定することである．枝葉摂食被害の場合，ニホンカモシカとニホンジカを食痕から識別することは不可能なため，造林地内の糞塊数を比較するなど間接的に評価せざるを得ない．近年，ツキノワグマによる樹皮剝ぎ（クマ剝ぎ）とニホンジカによる樹皮剝ぎ（樹皮を食べる「樹皮食い」と，角をこすりつける「角研ぎ」とがある）がともにみられる地域が増えてきている．両者は新しいものであれば，注意深く観察すれば識別可能である（図 4.12）．

　量的評価は，しばしば見た目から激害，中害，微害などとして評価されることがあるが，できるだけ客観的なデータで行うのがよい．具体的には，枝葉摂食被害では樹高，頂端部被害率，成立木本数密度，樹幹が変形した個体の割合などであり，樹皮剝ぎ被害であれば，被害率，周囲長に対する剝皮部周囲長の割合，剝皮面積などである．傾斜地における幼齢木の樹高の継続調査では，表土の移動が激しいので，1 cm 単位で測定するときには，樹幹部にペイントなどで印をつけておく必要がある．

　広い造林地では，被害がしばしば局在する．また，斜面の上と下とでは造林木の成長量が異なるため，同じ被害を受けてもその影響が大きく異なることがある．したがって，造林地全体からデータが得られるように，数本おきにサンプリングしたり，数十 m おきに等高線沿いに端から端まで調査するなどの工夫が必要である．

　これまでは森林被害といえば，大抵，林業被害を指していたが，最近は，ニホンジカによる自然植生への影響が被害とされるケースが増えており，植生の被度，種多様

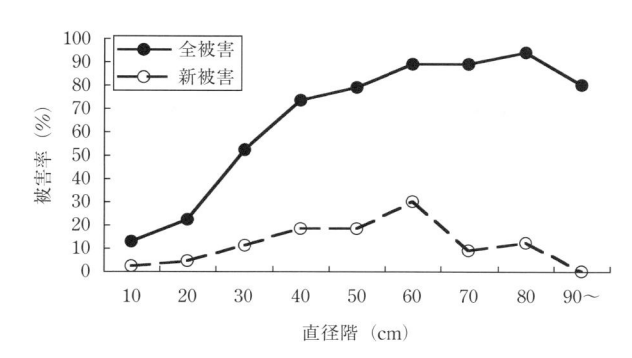

図 4.13 天然林における直径階別クマ剥ぎ被害率
過去の被害を含む全被害では，直径が大きいほど被害率が高い傾向がみられるが，新しい被害では直径 60 cm 以上では被害率が減少している．

性，実生や稚樹の本数などで調べられている．

ⅱ）被害の評価 樹高は，最も簡便な被害量の客観的指標である．頂端部食害の影響だけでなく，側枝食害による葉量の減少も反映することが報告されている．また，枝葉摂食被害について毎年詳しい調査をしなくても，食痕や樹形から毎年被害にあっていると判断できれば，同一齢の林分の累積被害量を平均樹高や樹高分布の歪度で比較することが可能である．ただし，この場合，同じ被害量を受けていても，成長のよい林分では被害が低く評価されるので，造林木への影響評価としては適切だが，ニホンジカやニホンカモシカの摂食量の評価としては不適切である．

被害には季節変化がみられることが多い．そのため新しく調査をするときは，加害時期を特定できるように通年で調査する必要がある．また，被害の発生原因を推定する際には，加害時期の被害樹種のフェノロジーやまわりの植生の情報が有用である．

樹皮剝ぎ被害では，被害痕跡が長年月に残存したり，逆に年月を経る間にみえなくなったりするので，被害量や被害傾向の評価には，痕跡の鮮度などから加害時期を推定する必要がある．例えば，クマ剝ぎ被害は一般に太い木ほど被害率が高いとされるが，新しい被害のみをみると一定の太さ以上では逆に被害率が減少することがある（図 4.13）．

〔髙柳　敦〕

4.3 森林の成長

森林は天然林と人工林に大別され，天然林は長期にわたり人為的な攪乱を受けていない原生的な林と攪乱の歴史が浅い天然生林に区別される．これら森林の成長は，構成するそれぞれの樹木の消長や大きさの変化を総じた結果として示され，林分の成長は単位面積当たりの密度（個体数），蓄積量（材積や重量），断面積，あるいは直径・樹高の平均値の変化で表される場合が多い．本節ではこれらの手法を用いて，各種林分の成長とその育林上の取扱いについて述べる．

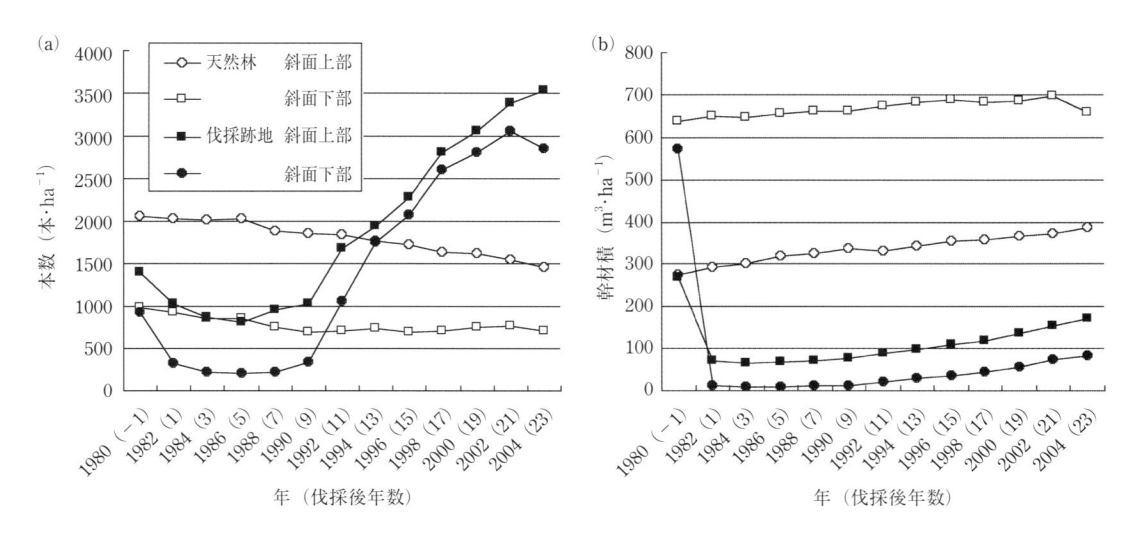

図 4.14 天然林と伐採跡地の地形ごとの本数（a）と蓄積量（b）の経時変化

a. 天然林の成長

原生的な天然林では一般的に林分の密度や蓄積量はほとんど変化がみられず，周期的に訪れる自然災害などによる部分的攪乱によって変動を繰り返している．森林が成立するために必要とされる降水量が十分なわが国では，伐採や台風などで林分が破壊されてもいずれ森林が再生される．

京都府北部のスギとブナなどの落葉広葉樹が混交した成熟した天然林と隣接する若齢天然生林の動態調査から，天然林では本数は斜面上部，下部ともに徐々に減少していることがわかる．蓄積量は斜面下部では変動が少なく，むしろ近年の台風被害によってやや減少している．一方，スギの混交率が高い斜面上部では増加し続け，さらに林分として成長していることがうかがえる．直径 20 cm 以上の樹木を対象に択伐を行った伐採跡地では伐採後 5 年前後までは伐採時の損傷や急激な環境の変化によって残存木の枯死が続き，数年間はマイナスの成長がみられる．しかし，その後残存木や更新木による成長を再開し，前生のスギ稚樹が多い斜面上部ではその時期が早く，斜面下部でも 10 年目頃から急激に本数が増加している．タラノキ，ヌルデなどの陽性の亜高木種は伐採後 11 年，ミズメなどの高木種は 17 年をピークに本数が増加し，15〜20 年を経過すると林冠が閉鎖する．この時期には枯死していく亜高木種もみられるようになり，斜面下部では本数の増加は頭打ちとなり，減少する傾向さえうかがえる．しかし蓄積量は斜面上部，下部ともに増加し続け，斜面上部では伐採前の 1/2〜2/3 にまで回復している（図 4.14，図 4.15）．

b. 人工林の成長

人工林は一般に ha 当たり 3000 本前後の苗木が植栽される．その後，速やかに目的の森林に導くために，それぞれの生育段階でいくつかの育林作業が施される．植栽後

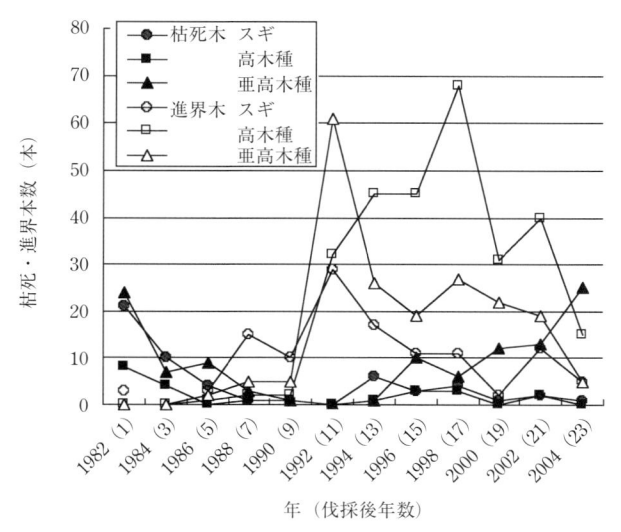

図 4.15 伐採跡地における枯死・進界本数の経時変化

間もない時期に行われる雑草木を除去する下刈り (weeding), 植栽木の生育を妨げるつるを取り除くつる切り (climber cutting), 他の樹種や一部形質が優れない植栽木を除去する除伐 (cleaning), 下枝を切り落とす枝打ち (pruning) などの作業が行われる. 植栽後 15〜20 年以上を経過した林分では数回の間伐 (thinning) が行われる.

植栽木の成長は樹種, 地形・土壌・気候といった環境要因, あるいは品種, 育林作業によって大きく異なる. そのため, 地域によって樹種ごとの材積表 (volume table) や収穫表 (yield table) がつくられている. それぞれの林地の材積生産力を級区分で示したものを地位 (site quality) といい, 材積収穫量や上層樹高 (stand height) によって 3 あるいは 5 等級に分けられる.

間伐は主に主伐候補木の成長を促進させるために行われるが, 冠雪害に対する抵抗性を高め, 地力を保持するといった林分の健全性を保つこと, あるいは収入を目的に行われる. 間伐では, 林分の生産目標に沿った密度管理 (density control) が要求されるとともに, 伐採木の有効利用, 作業の経済性を考慮した方法の検討が必要となる.

間伐は大きく定性間伐 (qualitative thinning) と定量間伐 (quantitative thinning) に分けられる. 定性間伐の間伐種は① 下層間伐 (low thinning), ② 上層間伐 (crown thinning), ③ 択伐的間伐 (selection thinning), ④ 列状間伐（機械的間伐）(line thinning, mechanical thinning), などに区分される. 定性間伐では立木を樹型級 (tree class) に分け間伐種に応じて伐採木を選木する. 次にわが国で代表的な寺崎式区分を示す.

 I. 優勢木　林冠の主要組成要素で, 上層林冠を組成するもの
　　第 1 級木：樹冠の発達が隣接木に妨げられず, 広がりが偏らず, 幹形に欠点のな

いもの
　　第2級木：樹冠の発達が隣接木に妨げられ，成長が偏り，幹形が不良なもの
　　　　a．樹冠が発達しすぎ，樹冠の位置が上方で扁平に発達したもの（あばれ木）
　　　　b．樹冠の発達が弱すぎ，幹が甚だしく細長いもの
　　　　c．隣接木にはさまれて成長が偏っているもの
　　　　d．幹形が不良で甚だしく曲がったもの，または二又のもの
　　　　e．被害木，病木
　Ⅱ．劣勢木　林冠の主要組成要素でなく，下層林冠を組成するもの
　　第3級木：すでに勢力が弱まり成長が遅れているが，まだ被圧されていないもの
　　第4級木：被圧状態にあるが，まだ生活を続けているもの
　　第5級木：枯れかけ，枯死木，倒木
　下層間伐は最も普通に行われているもので，間伐後の残存木の育成を目的とし，寺崎式間伐では3種の間伐種が提案されている．そのうち，よく用いられてきたB種間伐では優勢木の第2級木のbとeのすべて，cとdの大部分，劣勢木の第3級木の一部，第4級木と第5級木のすべてを伐採する．上層間伐は形質のよい準優勢木の育成を目指し，優勢木の第1級木の一部，第2級木と劣勢木の第5級木のすべてを伐採する．択伐的間伐は間伐木の利用を目的に，ある大きさ以上（「なすび伐り」），あるいは市場の規格にあった形質と大きさの立木を伐採する．列状間伐は間伐作業の収支あるいは能率に重点がおかれた間伐法で，形質や大きさと無関係に，植栽列あるいは一定の間隔で列状に伐採する．そのため選木は①～③では樹型級区分，④は樹間距離による．

　定性間伐では樹型級の判定は選木者の主観にゆだねられるため，高度の熟練性が要求される．また間伐種が直接間伐率に結びつかないため，間伐量を予測したり，伐期までの林分管理方針を示す上で難点がある．

　定量間伐はまず林分の密度と蓄積量を把握し，林分の経営目的に応じた立木密度や現存量を決定し，全生育期間を通じて間伐によってこれらを量的に調整するものである．定量間伐では，林分の密度が高いと個体の直径成長や材積成長が低下するという密度効果（density effect）の法則に基づく林分密度管理図（stand density control diagram）が用いられる．密度管理図は密度（本・ha^{-1}）と幹材積（$m^3 \cdot ha^{-1}$）の関係を両対数目盛上に示したもので，等平均樹高曲線（equivalent height curve），等平均直径曲線（equivalent diameter curve），最多密度曲線（full density curve），自然枯死（間引）線（self-thinning curve），等収量比数曲線（yield index curve）からなる．

　等平均樹高曲線：上層樹高が等しい林の林分密度と幹材積の関係を示す．
　等平均直径曲線：等平均樹高曲線上で平均胸高直径が読み取れる．
　最多密度曲線：林分の成長に伴い，林分に入りきる上限の密度と幹材積の関係を示す．
　自然枯死（間引）線：劣勢木が被圧のために自然枯死が生じ，本数が減少していく経過を示すもので，上端では最多密度曲線に接する．

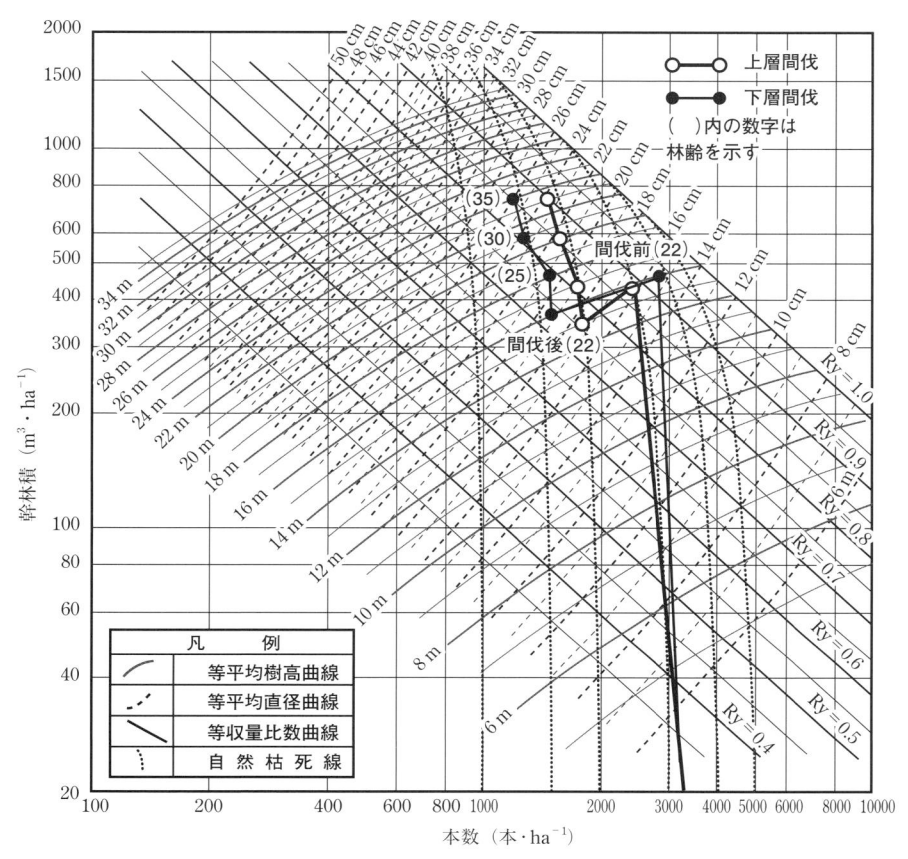

図 4.16 北近畿・中国地方スギ林分密度管理図と上層・下層間伐試験地における間伐後の本数，幹材積の推移

等収量比数曲線：図上で最多密度曲線に平行し，間伐の管理基準線となる．収量比数の値が 0.7 の場合は同じ等平均樹高曲線上の最多材積の 70 ％を示す．収量比数 0.8 は密，0.7 は中庸，0.6 は疎化，0.5 は極疎化管理法を示す．

間伐前に対象林分の毎木調査（complete enumeration）を行い，密度管理図上に密度と幹材積をプロットする．どの程度間伐するか，収量比数（Ry：yield index）を決定する．普通の間伐では林内の小さい個体から選木されるため，等平均樹高曲線に沿って決定された等収量比数曲線との交点から間伐後の密度と幹材積の値を読み取る．間伐前と間伐後の差から間伐量を予測する．再び林地で樹型級を応用して間伐木を選木する．

次に，京都府北部で植栽後 21 年を経過したスギ林分を対象に上層，下層間伐を行った 2 つの試験地における間伐後 3，8，13 年後の密度と幹材積の推移を密度管理図上に示す（図 4.16）．間伐前に上層間伐区では本数が 2350 本・ha^{-1}，蓄積が 436 m^3・ha^{-1}，下層間伐区でそれぞれ 2710 本・ha^{-1}，478 m^3・ha^{-1}，ともに上層樹高は 16 m，直径は 16 cm，Ry が 0.9 前後である．上層間伐区では本数で 27 ％，材積で 21 ％，下

層間伐区ではそれぞれ 45％，22％が伐採され，上層間伐区では上層樹高は 15 m，直径は 17.5 cm になり，下層間伐区ではそれぞれ 16 m，19 cm となる．上層，下層間伐区の Ry はともに 0.75 に低下し，中庸から密の管理法で間伐されたことになる．またそれぞれの間伐量は 91 m^3·ha^{-1}，103 m^3·ha^{-1} である．両林分では 3 年後に上層樹高は 2 m，直径は 1.5 cm 増加し，Ry は 0.8 に回復している．8，13 年後の各 5 年間に両林分では上層樹高は 3 m，直径は 2.5 cm 増加し，13 年目には上層間伐区では上層樹高は 21 m，直径は 24 cm，下層間伐区ではそれぞれ 24 m，26 cm に達している．また 4〜8 年の間に両林分で冠雪害が発生し，特に被害が大きかった下層間伐区では 8 年目の本数の減少が著しく，Ry は 0.8 にとどまるが，上層間伐区では Ry は 0.85 となる．8〜13 年の間には被圧木の枯死に伴う本数減少もはじまり，上層，下層間伐区の Ry はそれぞれ 0.85 と 0.9 ときわめて密となり，ともに再び間伐が必要である．

　針葉樹材は年輪幅が樹芯から周辺部まで適度に狭く（2〜3 mm）そろった材が強度的にも優れ，高く評価される．上の間伐例では 13 年間の直径成長は両林分で 6.5〜7 cm，年輪幅は平均で 2.5〜2.7 mm に維持されている．また，高密度の林分では形状比（樹高/直径，cm/cm）（height-diameter ratio）が高くなり，造材や製材時の歩止まりもよく良質材としても好まれる．しかし若齢時に形状比が 100 以上になると，冠雪害を受けやすいとされる．

　近年，材価の低迷や林業の担い手の不足などによって各地で間伐の遅れが指摘されている．そのような状況の中で，大型の林業機械を用いた列状間伐の推進をはじめ，間伐法の再検討が進められている．どの間伐種を選択するかは対象となる林分の樹種，健全性，立地環境や市場性を考慮して決定する必要がある． 　　　　　　（安藤　信）

参 考 文 献

安藤　信ら（1995）：スギが混交する冷温帯天然林の更新状況—伐採後 13 年間の林分の変化—．日林論，**106**：256-266.
安藤　貴（1968）：密度管理，農林出版.
只木良也（1969）：林分密度管理の基礎と応用，日本林業技術協会.
堤　利夫ら（1981）：新版造林学，朝倉書店.
佐々木恵彦ら（1994）：造林学　基礎の理論と実践技術，川島書店.
日本林業技術協会（1999）：北近畿・中国地方スギ林分密度管理図.

4.4　森　林　水　文

a．水収支と森林水文現象のプロセス

　森林において生起する水循環を解析しようとするとき，対象とするプロセスは水収支の枠組みに収めることがデータ解析の前提となる．プロセスが生起する系（システム）は，森林と関わる特定の空間を占めている．単位時間にその空間に流入する入力とその空間から流出する出力およびその空間に貯留される水の変化量を想定することができる（図 4.17）．

　ある短い時間において単位時間当たりの水の流れとして入力 q_{in} と出力 q_{out} が発生していて，系の貯留量が微小な時間 Δt の間に S から $S + \Delta S$ へと変化した場合の水収

4.4 森林水文

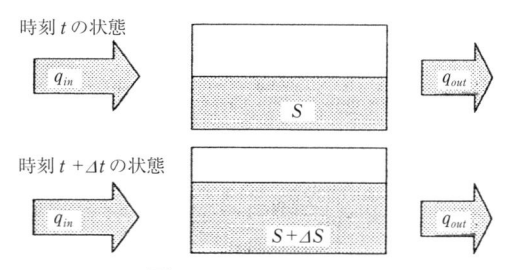

図 4.17 水収支の概念

表 4.2 森林水文現象と水収支の形態

系	入力	出力	貯留の場の支配的要因
流域	降水量	流出量，蒸発散量	土壌層の物理性，河道網の水理学的条件・地形，樹冠の構造
森林土壌層 風化基岩層	浸透量	基底流出量，土壌面蒸発量，蒸散量，深部浸透量	地中の飽和帯，不飽和帯の土壌物理性と地形
樹冠	降水量	遮断蒸発量，樹幹流下量，樹冠通過雨量	樹冠の葉面積，樹種構成，微気象

支式は次式で表現される．ただし，貯留量は体積で流量は単位時間当たりの体積の移動量であり，系の占有面積で除すると高さの単位（mm）になる．これを水高といい，雨量と同じ単位である．

$$\Delta S = q_{in} \Delta t - q_{out} \Delta t$$

水収支式は，水の流れを規定している系（森林流域や林分，樹木，樹冠，葉あるいは森林土壌や大気を含めた空間）で成立する（表 4.2）．

系からの出力である流出は，系とは独立した入力（実際は入力も系内の場の条件に支配されることが多い）である流入により規定されるだけでなく，系の状態である貯留量の関数であるとみることができる．系が十分に水を貯えていれば出力は大きく長期に継続するという性質がある．

b. 水流出とハイドログラフ

河川は流域を形成するので，流域の特定の地点において流量を観測するとその地点に対応した流域が地形的に定まる．流域を1つの系と考えると，流域とは入力としての降水量と出力としての流量・蒸発散量の間に介在し，流出水量をコントロールする複雑な変換系である．流域が森林で被覆されている場合は，樹木・下層植生・森林土壌で構成される森林生態系は上記の変換系の主要な部分として機能する．

ハイドログラフとは，流量の時間的な変動をグラフ化したものであり，横軸に時間を縦軸に流量をとり，入力である降水量の時間的な変動（ハイエトグラフ）を加えて表示する．図 4.18 の場合，年降水量は 2179 mm であり，年流量は 1292 mm である．貯留量の変化量は微小として無視すると，両者の差は消失量 887 mm であり，ほぼ年蒸発散量とみなされる（3.9a 項参照）．

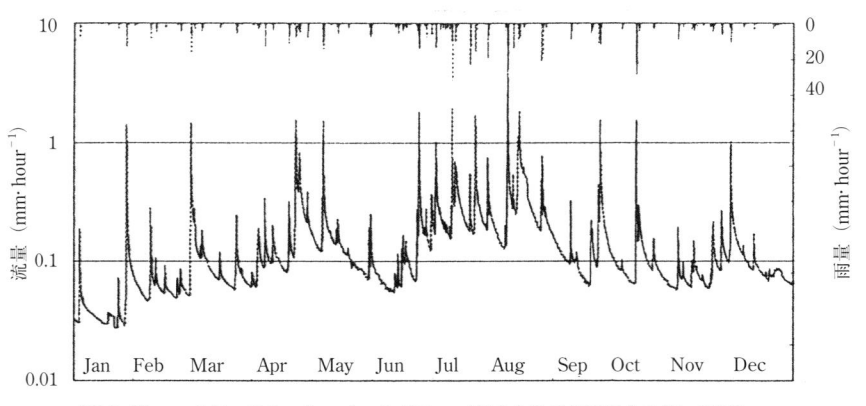

図 4.18 ハイドログラフとハイエトグラフ（東京大学愛知演習林白坂，2003）

c. 基底流出と滞留時間

ハイドログラフとハイエトグラフを並列すると河川の流量が降水に応答して変動する様子が読み取れるが，無降雨日が連続する期間では緩やかな曲線を描いて減水する．これは地下水からなる基底流出である．基底流出 q_b (mm·day^{-1}) は，森林土壌層や風化した基岩層によって貯えられた地下水貯留量 S_b (mm) のべき乗に比例するとして次のように表現される．

$$q_b = kS_b^p$$

基底流出 q_b が地下水貯留量 S_b の時間当たりの減少量に等しいという単純な水収支式に上式を代入して得られる微分方程式から基底流出が時間の関数として導かれる．p が1の場合，放射性同位体の壊変に類似して時間とともに指数関数的に減水し，p が2の場合，次式のように経過時間 t (day) を変数とした分数関数となって山地小流域に比較的よく適合する．

$$\frac{1}{\sqrt{q_b(t)}} - \frac{1}{\sqrt{q_b(0)}} = \mu \cdot t$$

ここで，減水係数 μ (mm$^{-0.5}$·day$^{-0.5}$) は基底流出の減水の速さを表す．東京大学愛知演習林では，70年間で森林による被覆が徐々に回復するにつれて減水係数の低下傾向が確認されている[1]．

降雨中あるいは直後にはじまる基底流出の増大は，応答関係だけをみると滞留時間の短い流出成分から形成され直前の降雨が基底流出として再び地表に出現したかのようにみえる．実際の滞留時間は長く，直前の降雨によって流域に涵養された水分は以前に涵養された古い水分を押し出すとみられている．さらに無降雨日が継続すると流量は少ないものの減水係数のきわめて低い安定した基底流出に変わる．この成分は山体深くから供給された地下水であり，その滞留時間はきわめて長い．

d. 樹冠遮断と蒸発散

林分単位の流量観測値があれば，流域貯留量が等しい期間で降水量から流量を差し

4.5 物質循環

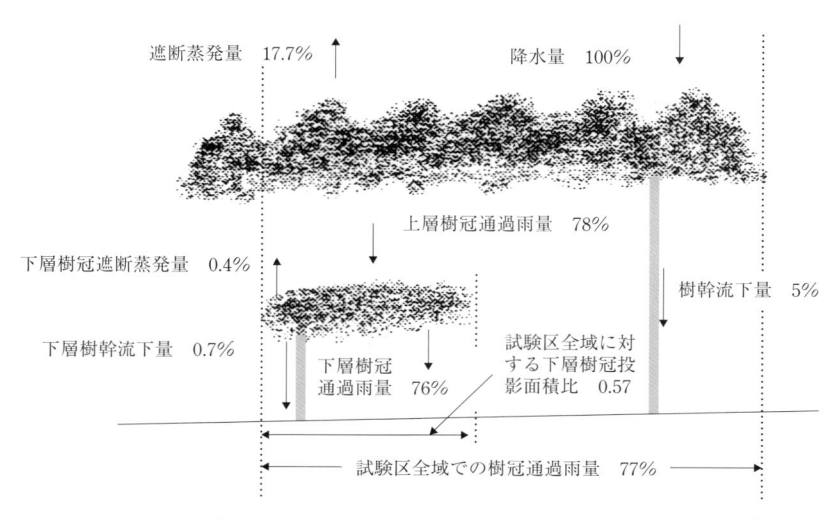

図 4.19 スギ林分樹冠とその下層植生樹冠による遮断と水収支[2]
東京大学千葉演習林袋山試験流域（1995年4月4日から1年間．年降雨量 1932 mm）．

引いた量は遮断蒸発量と蒸散量の合計値と等しいとされる．遮断蒸発は，葉面が湿って気孔が閉じた状態となり高い効率で蒸発が発生する．蒸散は樹冠の葉表面に貯留された水分が消失した段階ではじまり，遮断蒸発とは別個のプロセスである．樹冠では入力としての降水量が樹冠で遮断され一時貯留が行われると同時に遮断蒸発が発生し，林床へ到達する樹冠通過雨量と樹幹流下量に分かれる（図 4.19）． （芝野 博文）

引用文献

1) Shimokura, J. and Shibano, H. (2003)：Effects of forest restoration in mountainous basins on the long-term change in baseflow recession constants. *IAHS Publ*, **281**：133-140.
2) 田中延亮，蔵治光一郎，白木克繁，鈴木祐紀，鈴木雅一，太田猛彦，鈴木 誠 (2005)：袋山沢試験流域のスギ・ヒノキ壮齢林における樹冠通過雨量，樹幹流下量，樹冠遮断量．東京大学演習林報告，**113**：197-240.

4.5 物 質 循 環

a. コンパートメントモデル

森林生態系は，植物体および土壌といった森林生態系そのものを構成する部位＝コンパートメントと，大気，基岩および陸水といった森林生態系を取り囲むコンパートメントに分けることができる．そこで，森林生態系における物質循環のデータを解析する際には，これらのコンパートメントの現存量もしくはコンパートメント間の移動量として表すと整理しやすい．現存量は $kg \cdot m^{-2}$ といった単位面積当たりの対象とする物質の質量などで表され，移動量は $kg \cdot m^{-2} \cdot hour^{-1}$ といった単位面積当たりおよび単位時間当たりの質量すなわちフラックスで表される．現存量は，コンパートメントの単位面積当たりの全体の乾燥重に，含有される対象とする物質の濃度を掛け合わ

せたものである．フラックスは，単位面積当たりの溶媒や気体などの移動量に対象とする物質の濃度を掛け合わせ，測定の対象とした時間で割ったものである．森林生態系全体を解析対象とする場合には，単位時間は通常は1年とすることが多い．降水に含まれる物質のように，大気から森林生態系に移動する物質のフラックスは沈着量（単位時間当たりの表示であれば正確にはフラックスである）と呼ばれる場合がある．

b. 表示単位

例えば窒素や炭素はコンパートメント間をその形態を変化させながら移動する．このような物質のデータを解析する際には，形態が変わっても比較可能な形で示す必要がある．そこで，いくつかのイオン種や分子の形態をとりうる物質の量を示す場合，イオンもしくは分子に含まれる元素のみの質量として示す．1 mol の硝酸イオン（NO_3^-）は 62 g であるが，1 mol の硝酸態窒素（$NO_3^- - N$）は窒素のみの質量すなわち 14 g である．

降水や土壌水に溶存しているイオンの濃度は当量濃度（$eq \cdot l^{-1}$）もしくはモル当量濃度（$mol_c \cdot l^{-1}$）で示される場合がある．当量とは 1 mol の水素イオンと反応する物質の相当量のことであり，モル濃度を該当するイオンのイオン価で割った値が当量濃度である．当量濃度で示すことによって，各コンパートメントやフラックスにおけるイオン間のバランスや，コンパートメントを移動する際に変化しうるイオン種の保存の程度を表現可能となる．

c. データの代表性

森林生態系を対象とした物質循環の研究は広い面積を対象に長期間行われることが多いため，空間的および時間的な異質性（ヘテロ性）とサンプリングの代表性に注意する必要がある．なぜならば，空間的には日本の森林生態系は複雑な地形上に成立していることが多く，時間的には日本は明瞭な四季をもつからである．

通常，空間的なばらつきを把握するために，サンプリングは複数の箇所で行われる．それらの測定値を平均して1つの値として示す場合には，極端に大きいか小さい値が得られ，その原因が説明がつくものでなければ，その測定値をもとに母平均の信頼区間を推定し，区間外の測定値を除いてから平均する．

現存量もしくはフラックスの時間変化の把握において，それらが常時もしくは全量の観測が不可能か困難であれば一定時間間隔をあけた定期的なサンプリングをすることになる．その場合には対象とする物質の時間推移に伴う変化とサンプリング間隔の対応に注意が必要である．森林生態系への，インプットとしての降水フラックスは時間的に全量の測定が容易である．一方，アウトプットとしての渓流水フラックスの時間推移に伴う変化の把握は，出水時の濃度変化が急激であるためにそれなりの労力もしくは費用が必要になる．

現存量でもフラックスでもその正確な把握のためには，対象とする物質の濃度分析の正確さだけでなく，現存量であればコンパートメント全体の質量（乾燥重）の，フラックスであれば溶媒や気体の移動量の，測定もしくは推定の正確さに注意を払う必要がある．

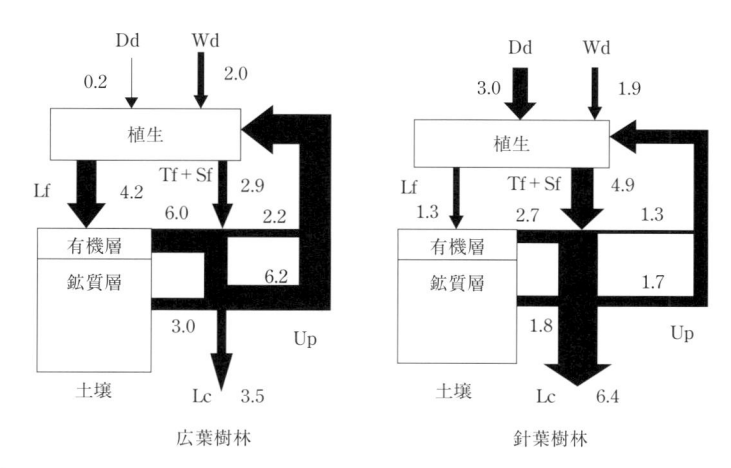

図 4.20 北海道の落葉広葉樹林および針葉樹林における塩基性カチオンの循環と収支を示すコンパートメントモデル[1]

単位はすべて kmol·ha^{-1}·year^{-1}. wd：湿生降下物（雨，雪），Dd：乾性降下物（ガス，エアロゾル），Lf：リターフォール（落葉・落枝），Tf：林内雨，Sf：樹幹流，Up：植生による吸収，Lc：60 cm の土壌からの溶脱.

d. 解析の例

図 4.20 に，北海道の落葉広葉樹林および針葉樹林における塩基性カチオンの循環と収支を示すコンパートメントモデルを示す．フラックスの大きさが線の太さに反映されており，視覚的に把握しやすい．

宮崎大学農学部附属自然共生フィールド科学教育研究センター田野フィールド（演習林）では現在，針葉樹林（ヒノキ壮齢林）と広葉樹林（常緑広葉樹二次林）のそれぞれ 1 ha 以下の小流域を対象に，渓流水によるアウトプットも含めたコンパートメントモデルを作成中である．このような測定および解析を行うことによって，森林のもつ重要な多面的機能のうちの 1 つである渓流水質形成機能の森林タイプごとの定量的な評価が可能になると考えている．

〔髙木　正博〕

引 用 文 献

1) 柴田英昭（2002）：酸性環境の生態学 第 2 版（佐竹研一編），愛智出版.

4.6 土壌侵食・土砂流出

a. 侵食営力

森林土壌は森林の保全・再生にとって最も重要なものである．図 4.21 は森林の機能に階層性があることを指摘したものであるが，良好な森林と土壌の関係を述べたものとしても理解することができる．

ニュートンが発見したリンゴの落下のように，地球上のすべてのものが重力を受けている．土粒子や腐植を移動させるあるいは静止させる第 1 の力は重力である．次にこれらの移動に大きく関わるのは水である．水自体も重力を受け，常温で液体である

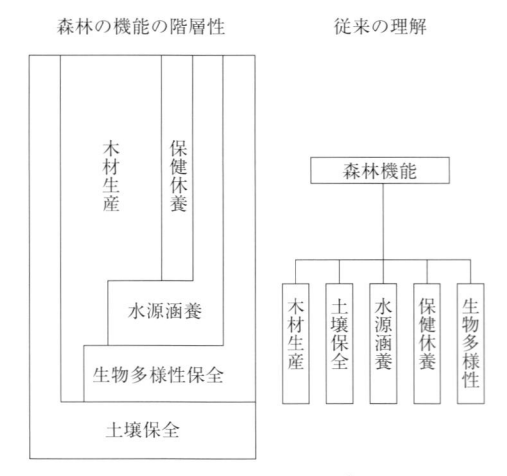

図 4.21 森林の各種機能の階層性 [1]（鈴木，1994）

ことから流動性が大きい．このため，平地に比べ山地などの斜面では大きな侵食力を発揮する．一方，冬期寒冷地では固体の水（雪や氷）の移動による力や凍上なども大きな侵食営力になる．また，土壌におけるクラスト層の形成（例えば雨滴侵食による）は，最終的にはこの侵食営力を増加させる方向に作用することが多い．この他，風による力（海岸地帯や乾燥地などでの飛砂など），地震による力などを考慮する必要が出てくる場合もある．

b. 土壌・土砂移動

表面侵食を引き起こす表面流の集中によって水の経路（リル）が発生すれば，土壌移動がはじまっている．侵食が加速され水の経路（ガリー）は固定されれば土壌移動は大規模になっていく．これらをある程度抑制するのが樹木の根系で，斜面の縦侵食防止に効果があり，かつ土壌の透水性や保水性を増加させることにも寄与するので表面流の発生を抑える効果も考えられる．

雨滴侵食や地表流の掃流力による侵食については専門書[2,3]に詳しいので参照していただきたい．ここでは，崩壊と土石流について，土石流の発生に関する土層移動の条件式を用いて簡単に説明する．

表面水深が発生し，土層内が飽和している条件では，図 4.22 のような単純化した斜面の土層に働く力に注目すると，斜面水平方向には以下の2式が成り立つ．

$$剪断力：T = g\sin\theta\{(\sigma-\rho)c_b h_c + \rho(h_c + h_0)\}$$
$$剪断抵抗力：R = g\cos\theta\{(\sigma-\rho)c_b h_c\}\tan\phi + C$$

ここで，σは土粒子の密度，ρは水の密度，gは重力加速度，θは斜面勾配，c_bは土層の容積濃度，h_cは移動をする土層の厚さ，h_0は水深，Cは土の凝集力（粘着力），ϕは土の剪断抵抗角（内部摩擦角）を表す．

この2式が$T > R$になると土層は移動を開始するが，それぞれのパラメータが取る値によって土層の移動形態は変化する．つまり水の寄与が最も大きな条件になるが，

(a) 全層移動

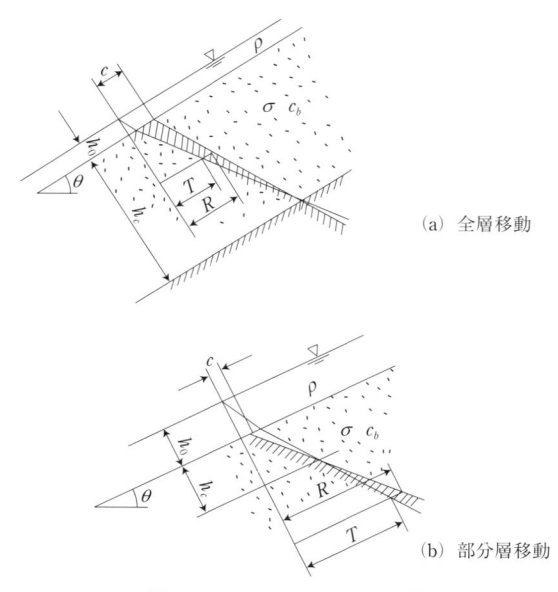

(b) 部分層移動

図 4.22 土層移動の平衡条件[2]

斜面勾配，粘着力，内部摩擦角も移動形態には関わってくる．水が少ない場合（$h_0 <0$）や土層が十分な強度をもつ場合には土質力学的な取扱いが必要になり，水が卓越し流体力が支配的になれば水理学や流体力学的な検討が必要になってくる．

崩壊と土石流を一緒に扱うのはかなり無理があるとも考えられるが，多くの場合土石流が発生した渓流の源頭部に崩壊が存在するのも事実である．上式からも理解されるように，水が多量に供給されることで土壌（土層）は移動を開始しやすくなる．移動開始の条件は崩壊も土石流も同様に考えることができるが，上述のように移動開始後は全く異なった解析と解釈が必要になる．

斜面においては，土壌流亡・斜面侵食の進行は表層崩壊の大きな原因の1つになる．図 4.23 は表層崩壊が多発した災害時の崩壊発生に寄与する要因の解析例である．また，崩壊の中には表層ではなく，構造的で大規模なものまで存在する．表層崩壊が発生し，一時に多量の水が供給されれば，それが土石流に発達する場合があり，土石流は土や石のみならず流木などを巻き込んで流下する．

c. 侵食量

土壌の侵食については，耕地保全の立場から多くの研究がなされ，数多くの成果が報告されている．アメリカでは大規模な農地経営を行うために，土地改良・土壌保全と灌漑問題が大きな研究テーマとして努力が続けられている．一方，裸地ではグランドカバーとして緑化の有効性は経験的にも知られており，緑化の手法も多く考案されてきた．裸地からの土壌や土砂の流出についても第3章であげられているような手法（3.2 e 項参照）を使って，数多くの観測がなされ有用な報告が行われている．表 4.3 は荒廃地から林地までの表面侵食量をまとめたものである．年間侵食量を比較すると荒廃地と草地・林地では3オーダー程の差が出ている．また図 4.24 は緑化によって

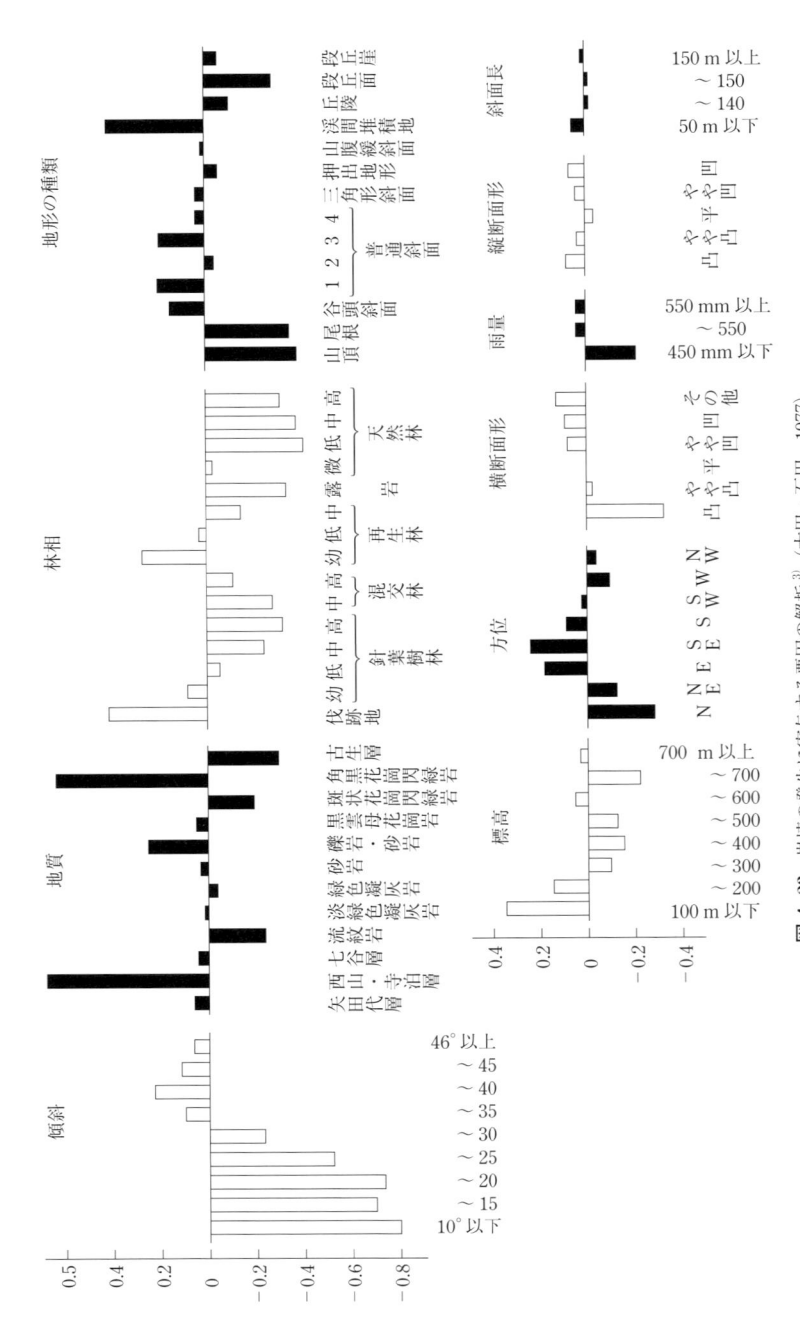

図 4.23 崩壊の発生に寄与する要因の解析[3] (太田・石田, 1977) 羽越災害で発生した崩壊の数量化法による解析結果 (スコア値).

表 4.3　表面侵食により起こる地被別年侵食量[3]（mm・year^{-1}）

地　被	荒廃地	裸　地	農耕地	草地・林地
侵食土量	$10^2 \sim 10^1$	$10^1 \sim 10^0$	$10^0 \sim 10^{-1}$	$10^{-1} \sim 10^{-2}$

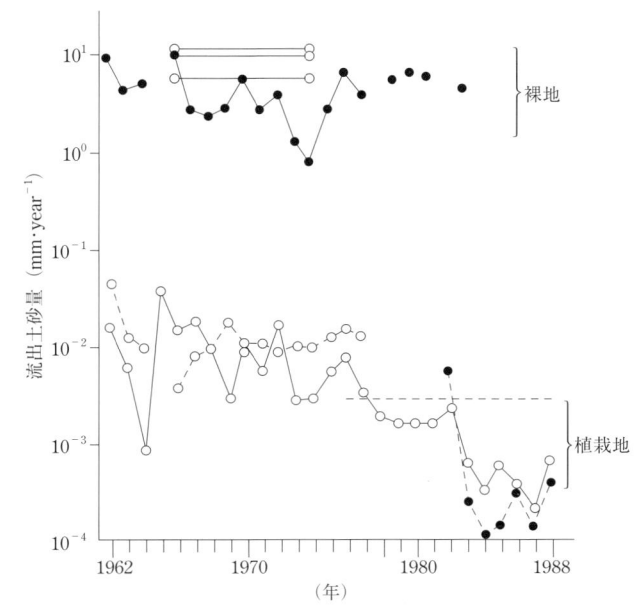

図 4.24　田上山地における斜面と流域流出土砂量[4]
図中の印は試験地別．

流出土砂量が 3 オーダー程度減少していることを示す観測例である．植生の成立が表面侵食を抑制し，土壌や林地の保全に有効に働くことを物語る事例である．

d. 流　出　物

侵食されたや土砂は堆積や移動を繰り返し，渓流に流れ込むことになる．流出土砂量の概算量が河川ごとに観測され，検討された例が図 4.25 である．これに対して土壌（倒木や有機物を含む）の流出量が流域レベルで詳細に計測された例はほとんどない．土壌調査法は種々の方法が考案され，調査用具も改良されてきているが，森林地域から，どんなものが，どのくらいの量，どんなときに，どこまで流出するかについては十分解明されていない．この情報を明らかにすることは，森林の環境保全機能を評価するための重要な課題である．

量に注目するならば，流出土砂や大きな有機物（粗粒状有機物：coarse particulate organic matter，CPOM；直径 1 mm 以上の有機物）は総流出量に大きく影響する．

流送されて森林流域から川を通して外部に出ていく流出物を計測する試みが幽仙谷集水域天然林研究区（京都大学フィールド科学教育研究センター芦生研究林）で行われている．この研究区は京都市のおよそ 30 km 北，由良川源流の内杉川流域に位置

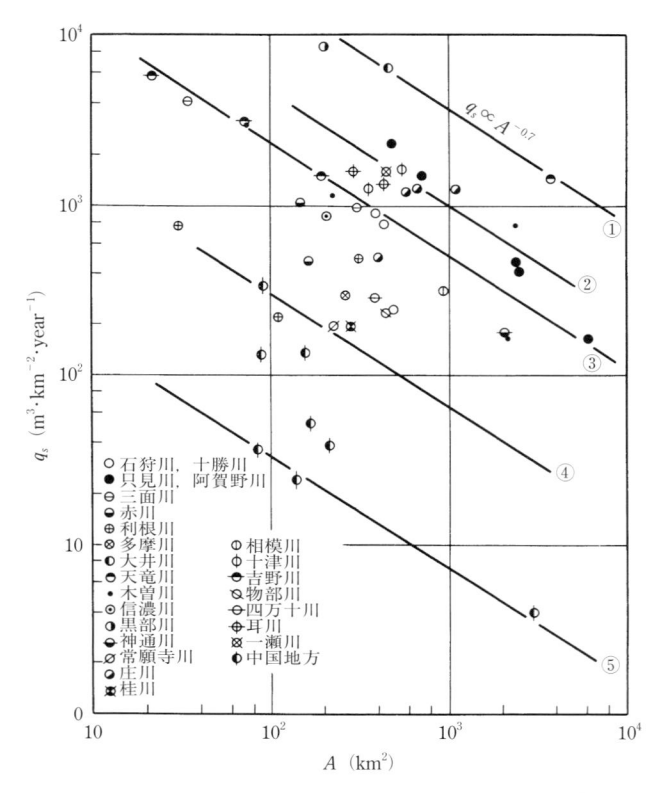

図 4.25 日本諸河川における比流砂量と流域面積の関係 [2, 5]

してる．日本海から約 15 km しか離れておらず，冬期には 1〜2 m の積雪がある．地質は中・古生層の丹波帯に属し，基岩は中生代の頁岩を主体として，チャートや砂岩を含んでいる．流域面積は 7.97 ha，最高点は 735 m，最低点は 490 m，斜面の平均傾斜は 35.2° とかなり急峻である．京都大学が地上権を設定した後の 1925 年に，この研究区を含むと思われる内杉谷右岸の天然林 58.5 ha から，シデ，ナラなどを天然林撫育目的に約 2800 m³ を除伐して，シイタケ生産の資材とした記録がある．しかし，その後 70 年以上は人の手が入っていない．流域内の森林はスギの比率によって 3 タイプに分けられ，尾根筋はスギが多く密度の高い針広混交の複層林，斜面中部はスギと広葉樹の針広混交林，斜面の中部から下部は広葉樹の多い混交林である．流域内の河道は階段状に「滑滝」が続くため，基岩が露出し，勾配は緩急が交互にあらわれる．このため谷筋には渓畔林は発達していない．この流域は芦生集水域急峻部にある天然林の代表流域として，1993 年に 59 種 6222 本の樹木の DBH（胸高直径，≧ 10 cm）測定が完了し，定期的（2005 年には 3 回目の毎木調査が完了した）に測定が行われ，長期的な天然林モニタリングが行われている調査区である（図 4.26）．この森林で渓流河道に砂溜を設け，回収ネットを使って流出土砂量と CPOM の量を観測している（図 4.27，図 4.28）．

4.6 土壌侵食・土砂流出

図 4.26 幽仙谷集水域天然林研究区

図 4.27 観測施設（砂溜と回収ネット）

図 4.28 流出リターの乾燥

表 4.4 1998年台風7号による出水時の流出物と2000年の年間流出物の比較[6]

	流出土砂量（kg）	流出リター量（kg）	流出木の量（kg）
1年間（2000年）	206.3	193.1	47.1
台風（1998年18号）	7000〜10000（推定値）	$1046.1 + \alpha$	1046.1
8年間（1990〜98年）	ND	ND	389.8

ND：データなし．

観測結果の例を表4.4に示す．まだ1回の台風(1998年)と1年間(2000年)の結果のみであるが，観測の実測値が得られた．年間流出木量は台風時の出水による流出木量の20分の1，年間流出土砂量は台風時の出水による流出土砂量と比較すると50分の1程度であった．また，面積当たりの流出リター量（乾重量）は0.0087（$t \cdot ha^{-1} \cdot year^{-1}$）で，1993年の毎木調査の結果報告された推定落葉量の5.3（$t \cdot ha^{-1} \cdot year^{-1}$）と比較すると1%に満たないものであった．

観測ははじまったばかりで，リターや土砂の流出メカニズムを解明するためには，長期的なモニタリングが必要である．今後とも大雨や雪解け後の河道の状況を調べ，

流出物と流水量や降水量との関係などのデータを蓄積し，流出物の動きや役割を明らかにしていく必要がある．

（中島　皇）

引用文献

1) 太田猛彦，服部重昭監修 (2002)：地球環境時代の水と森 どうまもり・はぐくめばいいのか（水利科学研究所編），日本林業調査会．
2) 武居有恒 (1990)：砂防学，山海堂．
3) 塚本良則 (1998)：森林・水・土の保全―湿潤変動帯の水文地形学―，朝倉書店．
4) 鈴木雅一・福嶌義宏 (1989)：風化花崗岩山地における裸地と森林の土砂生産量．水利科学，**190**．
5) 芦田和男・奥村武信 (1974)：ダム堆砂に関する研究．京都大学防災研究所年報，**17B**：555-570．
6) 中島　皇，京都大学フィールド科学教育研究センター編 (2004)：森が川に渡すもの，京都大学総合博物館・京都大学フィールド科学教育研究センター．

4.7　熱　収　支

a. 熱収支式

地表面で出入りするエネルギーは単位面積当たり単位時間当たりの大きさ（フラックス）として表され，単位として $W\cdot m^{-2}$（$J\cdot m^{-2}\cdot s^{-1}$）が用いられる．地表面に入射するエネルギーは太陽からの放射（日射：R_S）と大気からの放射（大気放射：R_L）である．波長約 3 μm を境にそれぞれのエネルギーの波長領域は明確に区別できるので，前者を短波放射，後者を長波放射とも呼ぶ（3.1 b 項参照）．

地表面に入射する日射に対して反射する日射の割合をアルベドと呼ぶ．アルベドのおおよその値は，新雪で 0.9 程度，コンクリート面で 0.2 程度，森林で 0.1〜0.2 程度となる．アルベドを a とすると，地表面は aR_S というエネルギーを短波放射として上方へ放射する．また，地表面はその地表面温度 T_s (K) に対してステファン-ボルツマン（Stefan-Boltzmann）の法則に従い，$\varepsilon\sigma T_s^4$ というエネルギーを長波放射として上方へ放射する．ここで σ はステファン-ボルツマン定数（$5.67\times 10^{-8} W\cdot m^{-2}\cdot K^{-4}$）である．$\varepsilon$ は射出率と呼ばれ，磨かれた金属などで低い値を示すが，通常の地表面では1に近似できる．

以上の地表面で出入りするエネルギーをまとめると，地表面が吸収するエネルギーとして純放射量（net radiation）R_n が，次式のように定義できる．

$$R_n = (1-a)R_S + R_L - \varepsilon\sigma T_s^4 \qquad (1)$$

(1)式は，ある地表面の純放射量は，その地表面における上向きと下向きのそれぞれの短波・長波放射量の収支により得られることを意味している．図 4.29 に (1) 式の右辺各項の森林樹冠上における観測例を示す．図中の純放射量は，観測された各項の収支として計算されたものである．上向き・下向きの短波放射の比から，森林のアルベドの値をみることもできる．

(1)式で定義される純放射量は，地表面に供給されるエネルギーであり，次式のような熱収支式（heat balance equation）に従い地表面から出るエネルギーに配分される．

4.7 熱収支

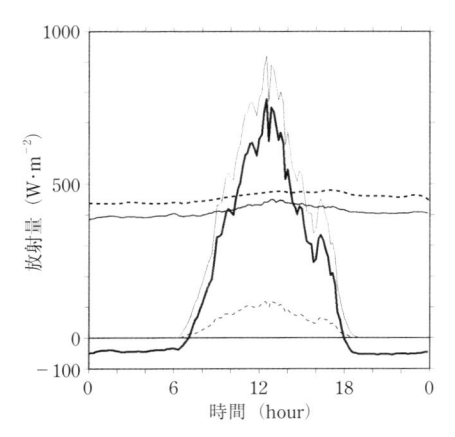

図 4.29 マレーシア熱帯雨林の森林樹冠上で観測された下向き（細実線）・上向き（細破線）短波放射量，下向き（太実線）・上向き（太破線）長波放射量と，これら各放射項の収支として計算された純放射量（極太実線）

$$R_n = H + \lambda E + G \tag{2}$$

ここで，H は顕熱（sensible heat）輸送量，λE は潜熱（latent heat）輸送量，G は貯熱量を表す．熱収支式の表現するところは，エネルギー保存則であり，エネルギーの入力と出力の関係である．

b. 顕熱・潜熱輸送

地表面におけるエネルギーや物質の輸送は地表面とその周りの大気の温度差や濃度差によって引き起こされる．顕熱は，地表面温度が気温より高ければ地表面から大気へ向かい（H が正），気温より低ければ大気から地表面へと向かう（H が負）．同じく，地表面と大気中の水蒸気濃度差が大気と地表面の間の水蒸気の輸送を引き起こす．輸送とは，ある熱量または濃度をもった空気塊が地表面と大気の間で交換されることと考えることができる．よって，風が強く，また，地表面が凸凹しているほど地表面での風の乱れが強くなり，輸送の効率は高まる．この効率を表現する係数としてコンダクタンス g を考える．輸送速度は次式のようにコンダクタンスと温度差または濃度差の積として表現できる．

$$H = g_H c_p \rho (T_s - T) \tag{3}$$
$$E = g_W \rho (q_s - q) \tag{4}$$

E は水蒸気輸送量（$kgH_2O \cdot m^{-2} \cdot s^{-1}$），$g_H$，$g_W$ はそれぞれ熱，水蒸気コンダクタンス（$m \cdot s^{-1}$）である．c_p は空気の比熱（$J \cdot kg^{-1} \cdot K^{-1}$），$\rho$ は空気の密度（$kg \cdot m^{-3}$），T は気温（K），q_s，q はそれぞれ地表面，大気の比湿（$kgH_2O \cdot kg^{-1} air$）である．なお，コンダクタンスとは抵抗の逆数である．よって，(3), (4)式の表現は，「濃度差＝電位差」「輸送量＝電流」と考えると電気回路のアナロジーになっている．

地表面からの水蒸気輸送とは，地表面における水の蒸発もしくは凝結である．よっ

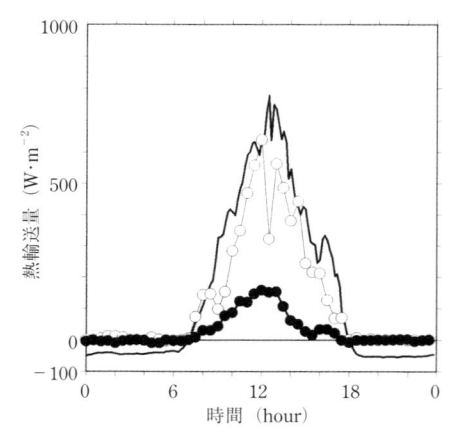

図 4.30 マレーシア熱帯雨林の森林樹冠上で観測された潜熱（白丸）・顕熱（黒丸）輸送量と純放射量（太実線）
潜熱・顕熱輸送量は応答の速い風速温度計と水蒸気濃度計を利用して計測された（乱流変動法）．

て，(4)式で表現される E は，気化潜熱 λ（$J \cdot kg^{-1}$）を掛けることにより潜熱輸送量 λE というエネルギーの流れに変換される．

図 4.30 に顕熱・潜熱輸送量の観測例を示す．ここでは，合わせて純放射量を示し，純放射量の顕熱・潜熱輸送量への分配の様子をみることができる．森林における純放射量の潜熱エネルギーへの変換の活発さがよくわかる．なお，図中の純放射量，顕熱・潜熱輸送量はそれぞれ独立した測定機械で計測されており，計測の対象となる地表面のスケールも異なるため，必ずしも (2)式のような収支が成り立たないことに注意すべきである．

熱収支式（(2)式）の目的は，観測により左辺を与えて右辺の各項を決定することである．(3)，(4)式のうち，T，q は観測で与えられる．また，q_s は，地表面が湿面であると仮定できるなら飽和比湿となり温度 T_s の関数となる．よって，(2)式中の未知数は地表面温度 T_s の1つとなる．多くの場合，熱収支式を解いて得られるものは地表面温度である．

c. 等温純放射

実際の解析の流れでは，まず (1)式右辺の各項を観測して純放射量を得て，次に (2)式に従い，その配分を考えていく．(1)式右辺中の R_S と R_L は対象地表面から少々離れた場所でも精度よく観測できる．しかし，T_s は風速や湿度などの環境条件に大きく左右され，離れた場所で対象地表面と近い値が観測されるとは限らない．よって，R_n は対象地表面の直上で観測されねばならず，精度よくその値を得ることは容易ではない．そこで以下のような式変形を行う．まず (1)，(2)式より，

$$(1-a)R_S + R_L = H + \lambda E + G + \varepsilon \sigma T_s^4 \tag{5}$$

を得る．この時点で，(5)式左辺は精度よく観測できるようになっている．さらに，

両辺から $\varepsilon\sigma T^4$ を引く．

$$\{(1-a)R_S + R_L\} - \varepsilon\sigma T^4 = H + \lambda E + G + \varepsilon\sigma T_s^4 - \varepsilon\sigma T^4 \tag{6}$$

気温 T も対象地表面から離れても精度よく観測できる値である．つまり，(6)式左辺も対象地表面から少々離れても精度よく観測できる値である．$T_s = T + \Delta T$ とおき，$\Delta T \ll T$ より ΔT の高次項を無視できるとすると $T_s^4 - T^4 = 4T^3\Delta T$ が得られる．よって(6)式は次式のようにまとめられる．

$$R_{ni} = H + \lambda E + G + \left(\frac{4\varepsilon\sigma T^3}{\rho c_p}\right)\rho c_p(T_s - T) \tag{7}$$

ここで，(6)式左辺は等温純放射（isothermal net radiation）$R_{ni}(=[(1-a)R_S\downarrow + R_L\downarrow]-\varepsilon\sigma T^4)$ としてまとめられている．言うまでもなく等温純放射量 R_{ni} は純放射量 R_n よりも観測が容易である．「等温」は地表面温度 T_s と気温 T が等しいとき R_{ni} と R_n が等しくなることに由来している．(7)式第4項は $4\varepsilon\sigma T^3/\rho c_p (= g_R$：放射熱コンダクタンス（m·s^{-1}））をコンダクタンスとする熱輸送量の形を取っている．g_R も T の関数となっているので容易に観測で得られる値である．(7)式に (3)式を代入して総熱コンダクタンス $g_{HR}(= g_H + g_R)$ を利用すると，

$$R_{ni} = \lambda E + G + g_{HR}\rho c_p(T_s - T) \tag{8}$$

が得られる．地表面に供給されたエネルギーの配分に関する解析は (2)式よりも (8)式を用いた方が便利である．(8)式を用いた場合でも，前に述べた熱収支式を解く目的に変更はない．

〔熊谷　朝臣〕

参 考 文 献

Campbell, G. S. and Norman, J. M. (2003)：生物環境物理学の基礎　第2版（久米　篤，大槻恭一，熊谷朝臣，小川　滋監訳），森北出版．
近藤純正編著（1994）：水環境の気象学，朝倉書店．
近藤純正（2000）：地表面に近い大気の科学，東京大学出版会．
Hamlyn, G. Jones（1992）：*Plants and Microclimate*, Cambridge University Press.

4.8　昆　　　虫

a．個体数推定

枝サンプリング法：モウソウチクの林でときとして大発生する虫えい昆虫である *Aiolomorphus rhopaloides* の個体数推定を紹介する[1]．タケ林で数本のタケをランダムに選定し，そこから何本かの枝をサンプリングし，形成されている虫こぶ（ゴール）を数える．まず最初に，枝当たりの虫こぶの数がランダム分布であるかどうかを検定する．I_δ 指数[2]や平均こみあい度（m*）－平均密度（m）関係[3]を利用すると簡単に判断することができる．一般に昆虫類はランダム分布をしていることは珍しく，ほとんどの場合，集中的に分布している．この虫こぶの場合にも，タケ当たりにみても枝当たりにみても集中分布の傾向を示した．この分布集中度に着目して計数した枝当た

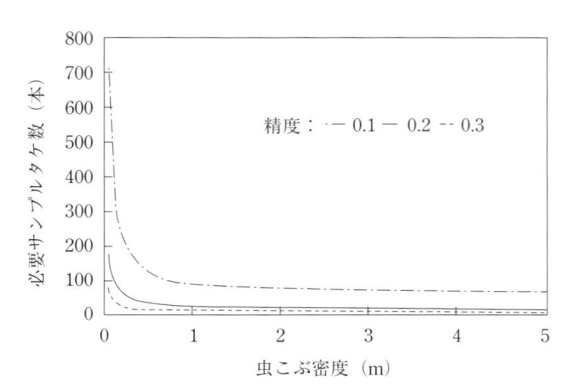

図 4.31 1本のタケから10本の枝を採取した場合，枝当たりの平均虫こぶ密度に対応した必要サンプルタケ数[1]

例：精度（D）を0.2とし，枝あたりの虫こぶ密度が1.0のときは24本のタケを調査すればよい．

りの虫こぶの数を変換して，タケ個体と枝の高さについて分散分析を行う．この場合，4 m以上のところにある枝と4 m以下のところにある枝では虫こぶの数に差はみられなかったので，サンプリング作業の点から高さが4 m以下のところにある枝からサンプルの枝を採取すればよいことがわかった．さらに久野（1986）[4]によって提案された2段抽出法を用いて，一定の精度で個体数を推定するのに，何本かのタケを選べばよいのか，さらにそこから何本の枝を選べばよいのか，を次の手順で計算する．

第1次抽出単位（PSU）としてタケを対象に，第2次抽出単位（SSU）として枝を対象に m*-m 関係を次式で計算する．

$$m^* = \alpha + \beta_1 m \quad (全体分布)$$
$$m_1^* = \alpha + \beta_2 m_1 \quad (級内分布)$$

さらに，下式で一定の精度を確保するための必要抽出枝数を算出する．

$$l_D = \frac{1}{D^2}\left[\frac{1}{k}\left\{\frac{\alpha+1}{m} + \frac{\beta_1(\beta_2-1)}{\beta_2}\right\} + \frac{\beta_1-\beta_2}{\beta_2}\right]$$

ここで，l_D はタケ当たりの枝のサンプル数 k を固定したときのサンプルタケ数を表す．精度（D）は標準誤差を平均値で除した値である．

こうして得られた図4.31から判断すると，精度を0.2とし，1本のタケから10本の枝を採取するとして，枝当たりの平均の虫こぶの数が1.0の場合，24本のタケを選べばよいことになる．

バンドトラップ法：スギ林でバンドトラップで捕獲されたスギカミキリ成虫に個体識別のためのナンバーをつけて放し，同じトラップで捕獲するという方法を繰り返して，Jolly-Seber 法を適用して推定したスギカミキリ成虫の推定個体数は表4.5のようになる．さらにスギ林でのスギカミキリ成虫の平均日当たり生存率は雄で0.915，雌で0.881となり，平均林分停留日数は雄で11.8日，雌で8.4日となった．また捕獲-再捕獲のデータから，このスギカミキリ成虫はあまり木から木へ動かずに同じ木で

4.8 昆虫

表 4.5 Jolly–Seber 法によって指定されたスギカミキリ成虫数[5,6]

月　　日	推定成虫個体数（±標準偏差）
1981 年 3 月 21 日	28.81 ± 3.66
22	33.44 ± 4.48
23	40.40 ± 4.41
24	52.05 ± 5.42
25	60.55 ± 5.91
26	52.53 ± 3.88
27	52.41 ± 4.59
28	54.97 ± 6.46
29	48.16 ± 4.61
30	62.60 ± 6.71
31	57.41 ± 5.13
4 月 1 日	71.39 ± 6.50
2	66.21 ± 6.21
3	61.24 ± 6.06
4	83.03 ± 11.94
6	72.58 ± 12.11
8	60.37 ± 8.17
9	53.49 ± 6.76
10	57.37 ± 7.32
11	54.06 ± 11.96
13	23.27 ± 4.04

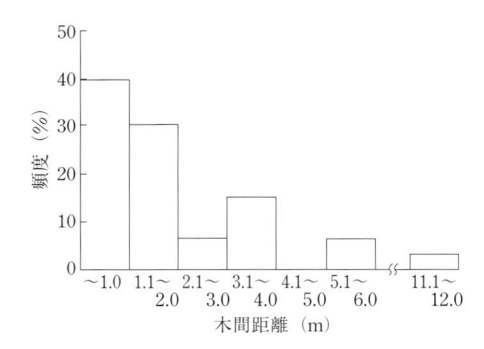

図 4.32 スギカミキリ成虫の木間の移動距離の頻度分布[6]

再捕獲される傾向があることも明らかにされた（図 4.32）．

b. 糞粒からの個体数調査と被害調査

　1978 年に奈良県のスギ林で大発生したスギドクガの例を示すと（表 4.6），スギ林で 1 日 1 m^2 当たりに落下したトラップの糞重量は 43.65g に，袋内で飼育した幼虫の 1 日 1 頭当たりの排糞量は 0.0747 g になり，1 m^2 当たりのスギドクガ幼虫数は 584.3 頭と推定された．したがって，ヘクタール当たりの幼虫数は 584 万 3000 頭になる．一般に，食葉性昆虫の幼虫の排糞量に，広葉樹林ならば 1.2 倍，針葉樹林ならば 1.15 倍すれば幼虫が摂食した葉量（被食葉量）になるといわれている．したがってスギドクガの場合，1 日 1 m^2 当たり 50.2 g の被食葉量となる．通常食葉性昆虫が大発生す

表 4.6 ヘクタール当たりのスギドクガ幼虫の生息密度，摂食量，針葉の落下量および被害針葉量[7]

	ス ギ
幼虫の生息密度	5843000 頭
摂食量/日*	562.7 kg
針葉の落下量/日*	52.6 kg
被害針葉量/日*	615.3 kg

*いずれも乾燥重量．

表 4.7 スギドクガ大発生被害 1 年後の枯死率[8]

調査地	樹　種	樹齢（年）	枯死率（％）
1	ス ギ	21	23.7
2	ス ギ	72	28.6
3	ス ギ	16	13.0
4	ス ギ	18	6.5
5	ス ギ	20	15.4

いずれの調査地も大発生中心地の林分である．

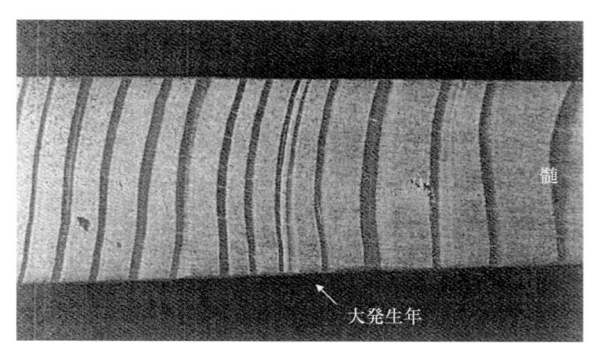

図 4.33 大発生したスギドクガ幼虫に食害を受けた後のスギの成長（柴田，原図）
大発生翌年の肥大成長が衰えている．

ると昆虫寄生性の病原菌がまん延し，大発生は終息する．大発生すると一部のスギは枯死し（表 4.7），また枯死しないで残存したスギでは，葉量が減少したために，大発生翌年の肥大成長が衰える（図 4.33）．

c. 病　　　害

マツ材線虫病：北アメリカから侵入したとされるマツノザイセンチュウによるマツ材線虫病は，被害拡大の一途をたどり，現在では青森県と北海道を除く各都道府県で猛威をふるっている（図 4.34）．日本のみならず近年は韓国やポルトガルにも侵入している．マツ材線虫病のまん延には人為的要素が強く，被害を受けて枯れたマツが工事用の杭や電柱として持ち込まれた場合が多くみられる．媒介者であるマツノマダラカミキリと病原体であるマツノザイセンチュウが同時に持ち込まれる．

マツ枯死木はマツ林で集中的に発生する（図 4.35）．しかも前年に発生した枯死マ

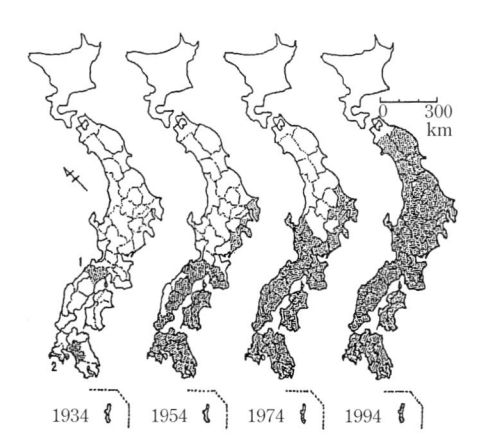

図 4.34 わが国におけるマツ材線虫病被害の拡大[9]

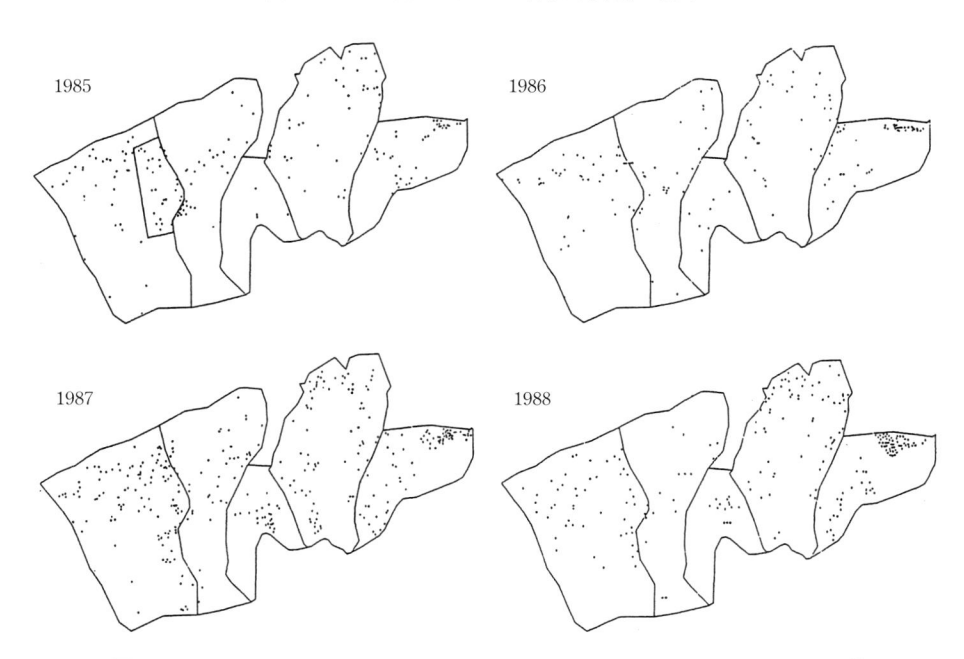

図 4.35 京都大学農学部附属演習林上賀茂試験地におけるマツ材線虫病被害木の分布[10]

ツの近くで発生する傾向があることが明らかにされている．

(柴田 叡弐)

引用文献

1) Shibata, E. (2003)：Sampling procedure for density estimation of bamboo galls induced by *Aiolomorphus rhopaloides* (Hymenoptera：Eurytomidae) in a bamboo stand. *Journal of Forest Research*, **8**：123-126.
2) Morisita, M. (1959)：Measuring of dispersion of individuals and analysis of the distributional patterns. *Mem. Facul. Sci. Kyushu Univ. Ser. E*, **2**：215-235.
3) Iwao, S. (1968)：A new regression method for analyzing the aggregation pattern of animal populations. *Researches on Population Ecology*, **10**：1-10.

4) 久野英二 (1986):動物の個体群動態研究法 Ⅰ.個体数推定法, 共立出版.
5) 柴田叡弌 (1984):スギカミキリ成虫を捕獲するためのバンド法について. 森林防疫, **33**:11-16.
6) Shibata, E. (1983):Seasonal changes and spatial patterns of adult populations of the sugi bark borer, *Semanotus japonicus* Lacordaire (Coleoptera:Cerambycidae), in young Japanese cedar stands. *Applied Entomology and Zoology*, **18**:220-224.
7) 柴田叡弌, 西口陽康 (1980):大発生時のスギドクガ幼虫密度と被害葉量について. 日本林学会誌, **62**:398-401.
8) 柴田叡弌 (1983):スギドクガ. 林業と薬剤, **84**:1-8.
9) Togashi, K., Y.-J. Chung and Shibata, E. (2004):*Ecological Issues in a Changing World-Status, Response and Strategy* (S.-K. Hong *et al*. eds), pp. 173-188, Kluwer Academic Publishers, Netherlands.
10) 二井一禎, 岡本憲和 (1989):マツの材線虫病の感染源に関する生態学的研究 (Ⅲ), マツの材線虫病被害分布の拡大の様式. 第 100 回日本林学会大会発表論文集, pp. 549-550.

参 考 文 献

鈴木和夫編著 (1999):樹木医学, 朝倉書店.
鈴木和夫編著 (2004):森林保護学, 朝倉書店.

4.9 農山村社会経済の動向と森林資源

a. 社会と森林

社会科学の視点で森林（フィールド）をみるということは，森林（自然）に対する人間の活動記録（傷跡）を読み取ることでもある．人口が少なく，自然が相対的に広い時代には，人間の活動は無秩序で気まぐれであるが，人口増加とともに次第に計画的，システム的，効率的な利用が図られるようになっていく．それに伴って与件として存在した自然は，次第に人間のニーズによって改変される．本節ではそうした自然に対する人間の活動記録を合理的，客観的に認識するための視点について述べる．

b. 日本人の木材消費量

森林資源は樹木のほか，動物や昆虫，キノコや菌類，水，魚類など多様である．さらに近年の特徴は，森林や樹木が環境調節の重要な要素として位置づけられるようになったことである．これらの多様な森林資源は時代とともに利用方法や利用量が変わっており，ある時代の状況だけを強調するのは適当ではない．そこで，最も代表的な森林資源の1つである木材を例に，約100年の消費量をみることからはじめよう（図4.36）．

日本人はこの 100 年の間に年間 1 人当たり約 0.8 m^3 の木材を消費してきた．第二次世界大戦中は鉄などの鉱物資源の不足により，その代替材として木材が利用され，平常時に比べてその消費量が多くなった．また，1960 年頃までは国内の森林に依存していたが，戦後復興と高度経済成長に伴い，国産材が大幅に不足し，外材に期待せざるを得なくなった．当初は不足分が輸入されたが，1970 年には外材比率が 50％を超え，以降，国産材は，比率（自給率）と生産量がともに低下し，2004 年には自給率は 18％になってしまった．また，1980 年代までは，国産材価格が相対的に高く，外材は比較的安かった．それは，不足分を外材で補う関係として認識されていた．し

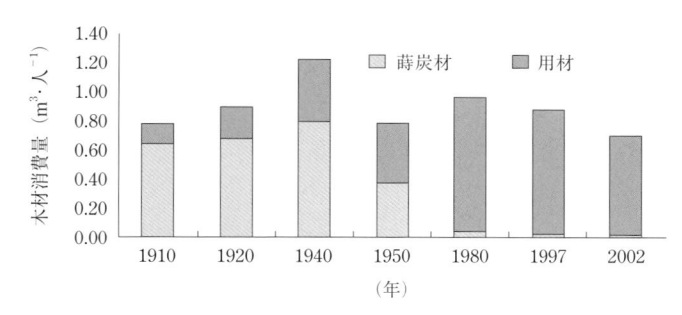

図 4.36　国民1人当たりの木材消費量

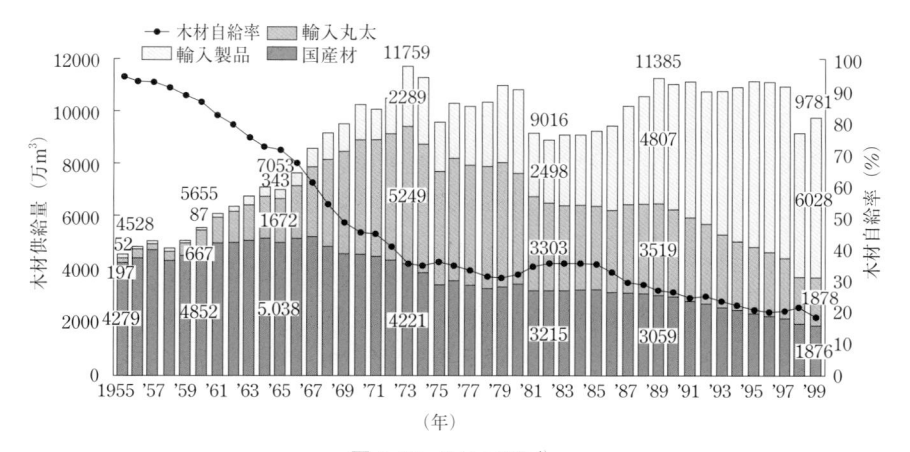

図 4.37　外材の変化[1]

かし，今では，外材が3〜5割も高く，国産材が異常に安い状態におかれている．他方，8割以上を占める外材の構成比は丸太から製材品へ変わり（図4.37），さらに住宅そのものの輸入へ変わっている．

c. 生活様式と森林

図4.36が示しているように森林の利用は社会の変化とともに変わった．木材だけをとっても，以下のような変化が確認できる．

1930年頃から1970年代にかけての約40年間に日本の森林は異常に速いスピードで開発された．まず，筏輸送や森林鉄道から陸上輸送に変わり，陸上輸送の主役も馬車・鉄道からトラックへと変わった．それに伴い，トラック道路が整備され，奥地林の開発が進む．トラック道路・大型林道が広まるにつれ，道路とともに捨て土による森林破壊，崩壊地が発生し，各地で社会問題となった．

戦後復興のための大型公共投資（水源開発）が電力確保を兼ねて大規模に行われた．大河川では，巨大なダムが建設され，流域の社会経済は大きく変えられた．多くの場合，水没地域は山村社会の中心地であり，その喪失は過疎化を促進する大きな要因となった．それから約50年経過した今日では，「脱ダム」という新しい動きがみられるようになり，自然を重視する社会へ変わろうとしている．

図 4.38 九州大学演習林早良実習場「生の松原」(空中写真)

図 4.39 カンボジア・ホームガーデン

　他方，日本海沿岸地域では冬の北西風を防ぐ防風林が地域を守る施設として古くからつくられ，守られてきた（図4.38）．防風林は沿岸地域のみならず，北海道十勝地方など，内陸地域においても設置されている．それは季節風などが強いアメリカ中部平原やヨーロッパの沿岸などにも広く分布している．

　屋敷林も地域によって様々な形で存在する．日本では，出雲平野や砺波平野などにみられる大型の生け垣型防風林，関東地域の農家にみられる屋敷林，関西から九州にかけてみられる竹林などが代表的なものである．他方，東南アジアに目を転ずると，そこには様々な果樹類で構成される「ホームガーデン」があり，別名アグロフォレストリーの1つを構成する（図4.39）．

　ところで，近年，環境としての森林や樹木の評価が高まっている．公園の樹木や街路樹，生け垣などで構成されているが，夏場の温度調節や空気の浄化のみならず，地震などの災害に強い都市の構成要素として高い評価が与えられるようになった．したがって，緑豊かな都市は環境のよい街として都市計画関係者の追求すべき課題となっている．

　緑や森林は都市のみではなく，地方においても重要な意味をもつ．例えば，観光産

図 4.40 シカ牧場

業がリーディング産業であるオーストリアでは，森林と牧草地と建築物（教会）が3点セットとなってオーストリア的風景を形成している．その国が経済発展を求め，中立政策を変更し，EUに加盟することになった．しかし，EU加盟はドイツやフランスなどの平原農業国と競争することになる．まともに競争すると農業は崩壊し，牧草地の解体につながり，ひいては観光産業にも影響を与えることが予想された．そこで，同国は牧場の利用を牛からシカに変更し，共通の農業政策（シカは農産物ではない）を回避する道を選択した．シカは林産物であると認識され，補助金を出し，シカ牧場を保護することが可能となり，牧草地が維持されることになった（図4.40）．

生活様式と森林の関係は，人間が森林をどのように利用するかにかかっている．地域には，様々な事情があり，それらの関係の中でつくられた人間の英知である．したがって，その利用は固定的なものではなく，社会の変化に応じて変わっていくものである．

d. 様々な基礎資料

フィールド調査には様々な資料が必要である（2.1，2.2節参照）．通常，位置関係をみるために，国土地理院の地図を利用する．パソコンで利用できる地図もある．地域の森林の資源量は10年ごとに実施される「世界農林業センサス」によって確認できる．行政資料としては，都道府県が調査する森林簿，森林基本図がある．これは個人資料を含んでおり，許可を受けなければ利用できない．集落レベルあるいは小さな区域レベルの森林を把握するためには不可欠な資料である．これらに代わるものとしては空中写真がある．都市計画区域は国土交通省管轄の企業が撮影し，市販している．森林地域は（社）日本林業技術協会が撮影したものを市販している．

その他に，地域の全体像を把握する方法として，様々な市販の地図，行政資料などがある．例えば地図会社の住宅地図，市町村役場がもつ集落図，役場や農業委員会がもつ圃場の地図，その他に地形図，土壌図，林相図，都市計画に関連する図，農業計画に関連する図，森林計画に関連する図，文化財や国立公園，国定公園などの地図，国有林野に関する地図などがある．それらの多くをまとめた土地利用計画図などもある．これらの多くは都道府県庁の資料相談室でみることができる．

e. 時代を斬る調査の必要性

　フィールド調査は様々な形で実施できる．しかし，それには時間と労力と金がかかる．効率的な調査が不可欠であるが，時代の特徴をえぐり出すような調査を期待したい．

　今日，日本では「里山」の管理が問われているし，戦後形成された人工林を生産可能な森林にすることも重要な課題である．環境林としての森林の評価も現代的課題である．いずれの場合も，オーストリアが決断したように基本構想（社会に対する森林の意味づけ）とそれを維持するシステムが必要である．そのような目的をもった調査が求められている．

　アジアでは，広大なはげ山や依然として続く移動耕作（焼畑），ホームガーデンやコモンズと呼ばれる共有地・国有地が問題の対象として認識されている．他方，それらとは逆に数千ヘクタールにも及ぶオイルパームやゴム園の実態，早成樹の植林地なども実態がわかっているわけではない．それらの解明は時代を斬る調査の1つといえるのではなかろうか．多くの研究者の成果に期待したいものである．　　　〔飯田　繁〕

引用文献

1）林野庁（2004）：平成15年度森林・林業白書.

5. 森林-人間相互作用系フィールド（森林生態圏）管理

5.1 森林計画における森林保全管理の考え方―持続可能な森林経営への模索―

a. 日本の森林の現実

ⅰ）劣化し続ける日本の森林　日本は，先進国であるにもかかわらず，国土の約3分の2が森林に覆われているので森林国であるといわれている．確かに，ちょっと地方に出かけて行くと車窓から一見緑豊かな森林が連綿と続いているのを眺めることができる．ここで，一見と書いたのは，実は，日本の森林は様々な形で病んでいるからだ．例えば，赤茶けて枯れ果てたままの姿をさらしているアカマツが目につく．松くい虫によるの被害（マツノザイセンチュウによって引き起こされるマツ材線虫病による被害）にあい，そのまま放置されているものである（図5.1）．奥山で同様に枯れた木があれば，おそらくカシノナガキクイムシによる被害にあったミズナラであろう．社寺林では，葉がすっかり減ってしまったスギの大木を目にすることがある．酸性雨による被害かもしれないが，地下水位が低下したことによる衰退も考えられる．竹林も荒れ放題になっているところが多く，しかも周囲の森林の中へ年々拡大し続けている．スギやヒノキの人工林も手入れがなされなくなって久しい．間伐や枝打ちがなされず放置されたままの状態が長く続いたので，そこに生えている立木はどれも細長くてヒョロヒョロとしている．柱材としての商品価値はほとんどないので，線香林とも揶揄されている．森林の中は暗く，下層植生がすっかりなくなってしまっている．表土の流出まで起こり，林床には石ころばかりが目立つようなところさえある（図5.2）．以上のような事態が日本の各地で起こっており，これが日本の森林の現実であ

図 5.1　マツ材線虫病による被害木（右側の2本）（大阪府内，撮影　田中和博）

図 5.2　間伐の遅れにより下層植生がなくなってしまったヒノキ林（三重県内，撮影 田中和博）

る．

ⅱ）採算が取れない国内林業　どうしてこのような状態になってしまったのであろうか．いろいろな理由があるが，突き詰めて考えていくと最終的には経済問題に帰着する．あえて話を単純化すると次のようになる．日本では貿易の自由化により外材が大量に輸入されている．現在では，木材の自給率は 20％を下回っている．日本は，自動車などの工業製品を大量に輸出しているので，その見返りとして農産物の輸入自由化も認めなければならない．そのため，価格の安い（価格が不当に安いといった方が適切かもしれない）外材が大量に輸入されているのである．外材の大量輸入により国産材の価格は低落する．例えば，2004（平成 16）年度の森林・林業白書によれば，立方メートル当たりのスギの山元立木価格は 1980（昭和 55）年に 22707 円であったものが，2004（平成 16）年には 4407 円にまで下落している．24 年間で約 80％も低下したのである（図 5.3）．一方，日本の林業は主に山岳地域の急傾斜地で営まれているので，機械化が難しい．人手に頼らざるを得ない部分が多いので，その分，人件費がかさみ，経営コストがかさむ．その結果，林業の採算性が悪化し，林業家は経営

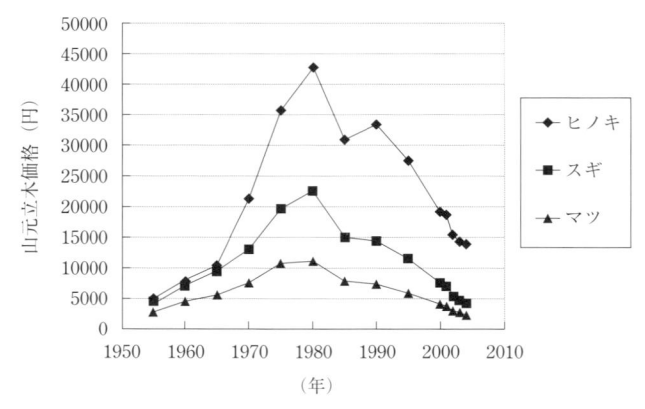

図 5.3　山元立木価格の推移[1]

意欲をなくしてしまう．林業生産活動は停滞し，間伐や枝打ちなどの手入れがなされず管理が不十分な森林が増加し，森林の質が低下する．山村では，林業と他産業との所得格差が拡大し，その結果，林業後継者が不足し，林業就業者の減少と高齢化が急速に進む．不在村の森林所有者も増加する．そうした事柄が積み重なって山村の過疎化が進み，今では地域社会そのものが崩壊する懸念さえ生じてきている．以上が日本の林業を取り巻く現状である．市場原理に任せたままの経済至上主義では，森林や山村は見捨てられてしまうのである．

iii）環境は輸入できない　日本の林業・森林および中山間地域に関する上記の問題は，日本が経済大国になったことに伴う産業構造の転換の波として押し寄せてきているものである．したがって，林業関係者の個人の経営努力だけではどうしようもないことが多い．木材が必要であれば，安い外材を輸入すればよいではないかと考えるかもしれないが，この考えは次の2つの問題を見過ごしている．1つは，外材が安いのは主に為替レートの関係によるものであり，また，木材輸出国の一部の地域で行われている略奪的な伐採による木材が含まれていることである．もう1つは，森林は木材を生産するだけでなく，環境財としての公益的な役割も果たしているが，そのことが見過ごされており，環境は木材のようには輸入できないことである．外材の大量輸入は，木材輸出国の森林や環境を破壊しているだけでなく，日本の森林も劣化させているということに気がつかなければならない．

iv）人間のエゴと真正面から対峙する　さて，前置きが長くなってしまったが，森林と人間との相互作用について考える場合，特に，持続可能な森林経営のあり方や，人と自然とが共生する森林の理想像について考える場合に，人間の側のご都合主義，もっと端的に言えば，人間のエゴと真正面から向き合う必要がある．人間のエゴイスティックな側面，自己中心的な考え方を見据えた上で，森林と人間との関係について考えていく必要がある．本節では，まず，林業家が理想としてきた森林像について，その考え方の変遷を眺めてみよう．次に，現代の日本の森林をどのように管理すべきか，自然のシステムと人間のシステムとを対比させることにより，この難しい問題を考えていくことにする．

b．法正林思想から照査法へ—持続可能な森林経営への模索—

ⅰ）面積平分法　持続可能な森林経営を目指した育成的な林業が本格的に始まったのは今から200年くらい前のことである．1789年のフランス革命の後，ナポレオンが登場し，1806年に神聖ローマ帝国が解体すると，ドイツではシュタインの改革がはじまった．これは，農奴や職人の解放を目指したものである．ちょうどその頃，ドイツに林学の祖とされる2人の学者が現れた．ハルティッヒとコッタである（図5.4）．2人は新しい国づくりの中で，林業を体系化しようとし，林学の基礎を築いたのである．ハルティッヒは1795年に材積平分法と呼ばれる森林計画の手法を提案した．森林計画では全計画期間をいくつかの期間に分割したものを分期と呼ぶが，材積平分法は各分期の木材収穫量を均等にしようと試みたものであった．しかし，そのためには森林がどのくらい成長するのかを予測する必要があり，予測計算が複雑で面倒であ

図 5.4 ハルティッヒ（左）とコッタ（右）

ったのでなかなか普及しなかった．1804年にコッタは，面積を基準にした森林計画の方が，より実践的で確実であると考え，面積平分法と呼ばれる手法を提案した．この方法は老齢な森林から順に伐採し，各分期の伐採面積を均等にしようとしたものである．面積平分法は，やがて齢級法へと発展し，19世紀のドイツで広く使われるようになった．材積平分法から面積平分法への発想の転換は，複雑なものを単純化，モデル化することによって実行可能なものに替えていこうとしたものである．ここに，人間がつくるシステムの特徴がつる．

　ⅱ）法正林　　森林は再生可能な資源であるので，上手に維持管理すれば，森林を持続的に利用することができる．毎年，一定量の木材を永久に供給し続けることができる森林が理想とされ，そうした要件を満たした森林は法正林と呼ばれた．19世紀の林学者フンデスハーゲンが考えていた法正林とは次のようなものである．すなわち，いま，木材収穫のための伐採に最も適した森林の年齢をu年とすると，1年生からu年生までの各年齢の森林が等しい面積ずつ存在するような森林である．図5.5に示したように，年齢がu年の森林は伐採され翌年には植林されて1年生の森林になる．その他の森林も1年間に1歳ずつ歳をとるので，1年生であった森林は2年生になり，2年生であった森林は3年生に，そして$u-1$年生であった森林はu年生になるので，1年後も法正林が実現することになる．これを永久に繰り返せば，毎年一定量の木材を永久に収穫できることになる．なお，法正林を持続的な森林経営の目標林とする考え方は法正林思想と呼ばれた．

　法正林は理想の森林とされたが，現実には存在しないものである．なぜなら，何もないところに法正林を造成しようとすればu年の年月がかかるし，その間には風害や雪害，あるいは，病虫害などによって森林が破壊されてしまうので，各年齢の森林が等面積ずつ存在するような森林をつくることは不可能なことであるからだ．法正林は実在しないものであるが理想の森林として森林計画の目標とされた．そして，経済発展の中で木材の商品価値が高まるにつれ，法正林を目標とした森林が多く造成される

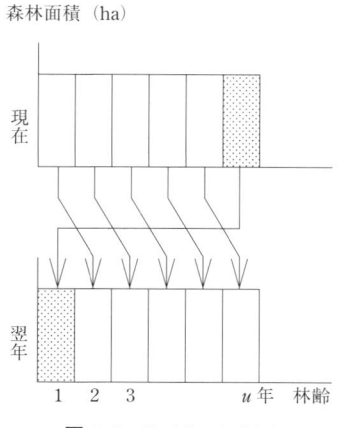

5.1 森林計画における森林保全管理の考え方

図 5.5 法正林の概念図

ようになった．

iii）同齢単純林の弊害　ところで，農業や林業は，自然を模倣したり再生しようとしたものではなく，人間にとって有用なものだけを栽培しようという目的のもとに改良され，発達してきたものである．たとえば，スギの植林地には同じ年齢のスギばかりが植えてある．そうした人工林は同齢単純林と呼ばれている．森林を構成する樹木の年齢が皆同じで，かつ，樹種も皆同じであるからだ．法正林を目標林にして同齢単純林が数多く造成されるようになると，やがて，病虫害の多発など予想外のことが頻発するようになった．これは生態系のバランスを崩したことにより，ある特定の病害虫が異常に繁殖した結果もたらされたものである．しかし，当時の林業関係者にはそうした生態学的な知識はまだ乏しかった．ちなみにダーウィンの『種の起源』が発表されたのは 1859 年のことである．

iv）自然に帰れ　19 世紀後半から 20 世紀初頭にかけて，同齢単純林の弊害が強く指摘されるようになり，法正林思想の形式主義が批判された．ミュンヘン大学のガイヤーは 1878 年に「自然に帰れ」と主張した．これは植林による針葉樹同齢単純林の造成と皆伐に反対し，天然更新による混交林の造成を提唱したものである．なお，皆伐とはそこの区画に生育している立木をすべて伐採してしまう収穫方法である．また，天然更新とは，自然に落下した種からの発芽や，切り株から芽が出る萌芽により，森林が成立することをいう．天然更新による森林の造成については多くの研究がなされ，やがて，森林の観察に基づく，合自然的な森林育成法へと発展していった．そしてそうした研究の 1 つの到達点が照査法と呼ばれる森林計画の手法である．

v）照査法　照査法はスイスの森林官であったビオレイが提唱した森林管理法であり，その内容は 1920 年に出版された『経験に基づく森林経理，特に照査法』という本にまとめられている．照査法は天然林を対象にするものであり，定期的に調査を繰り返すことによって森林構造の推移，ならびに，森林の蓄積量や成長量の変化を査定し，その結果に基づいて森林からの収穫量を決定する方法である．ここでは照査法

の具体的な内容を説明する余裕はないが，あえて一言で照査法の本質を言い表すとすれば，それは森林の成長量以上に森林を収穫するなという教えである．当たり前のことのように思われるかもしれないが，当時の林業界にとっては大転換であった．例えば，材積平分法は各分期の収穫量を均等にしようとした方法であったが，そこには見込みの森林成長量が当然のように勘定に入れられていたからである．照査法は見込みの成長量に基づく収穫量の査定を否定し，森林成長量の実績を根拠にして収穫量を決めるものである．つまり，捕らぬ狸の皮算用はするなという教えである．そして頭の中で考えたことではなくて，現場でのデータによって裏打ちされた経験をもとに森林を管理しようとした方法である．照査法はスイスの一部の森林では現在でも続けられていると伝え聞くが，日本ではほとんど実用化されていない．その理由は集約な森林施業を伴うのでコスト高になるからである．この事例からわれわれはまた1つ人間が採用するシステムの特徴について学ぶことができる．それは，どんなによい方法であってもコスト高につながる方法はなかなか採用されないということである．

c. 新たなる森林管理

ⅰ) モントリオールプロセスの基準 近年の地球的規模での環境の悪化に伴い，森林を保全しようとする新たな動きが出てきている．例えば，1992年の地球サミットで出された森林原則声明では，森林を生態系としてとらえること，森林の保全と利用を両立させること，森林に対する多様なニーズに永続的に対応すべきであることなどが述べられている．そしてその後の一連の国際会議を経て，持続可能な森林管理のための基準と指標が地域グループ別に定められた．日本は，欧州以外の温帯林を対象にしているモントリオールプロセスに加盟している．モントリオールプロセスでは7つの基準が定められており，その第1基準は生物多様性の保全である．以下，第2基準が森林生態系の生産力の維持，第3基準が森林生態系の健全性と活力の維持と続く（表5.1）．どの基準も持続可能な森林経営を実行する上で重要な事柄ではあるが，いくつか気になることがある．どの基準も抽象的な文言であり，その理念はよく理解できるが，現実の森林管理にどのように適用すべきか具体像がなかなかみえてこないことである．この点については，森林は地域や場所，あるいは，文化によっても異なるものであるから，そこまでは規定しなくてもよいのかもしれない．もう1つ気になる点は林業活動が表面に出てきていないことである．つまり，筆者が気にしていること

表5.1 モントリオールプロセスの基準

[基準1]	生物多様性の保全
[基準2]	森林生態系の生産力の維持
[基準3]	森林生態系の健全性と活力の維持
[基準4]	土壌および水資源の保全と維持
[基準5]	地球的炭素循環への森林の寄与の維持
[基準6]	社会の要望を満たす長期的・多面的な社会・経済的便益の維持および増進
[基準7]	森林の保全と持続可能な経営のための法的，制度的および経済的枠組み

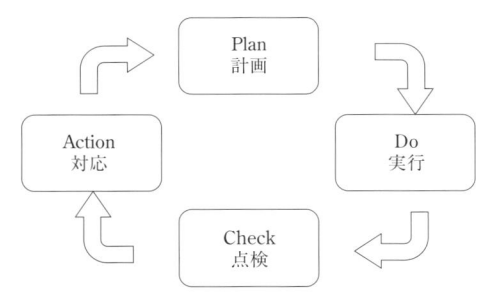

5.1 森林計画における森林保全管理の考え方

図 5.6 PDCA サイクル

は，生物多様性の保全や森林生態系の維持などは，これをきっちりとやろうとすればそれなりのコストがかかるものであるが，そうしたコスト増加を誰がどのように負担するのであろうかということと，コストの負担増を伴う森林管理を，人間はいつまで誠意をもって対応することができるのであろうかという心配である．したがって，生態系に配慮した森林管理を行っていくためにはコストの負担問題なども含めて地域社会の合意や支援が必要である．

ii) アダプティブマネジメント 森林管理の考え方にもいくつかの変化が訪れている．1つはアダプティブマネジメント（adaptive management：適応的管理または順応的管理）である．これは定期的なモニタリングなどの解析結果に基づいて計画の修正を行うことを前提とした管理手法のことであり，森林管理のように対象となるものの全体像が完全には把握できていないときに有効な手法である．次は PDCA サイクルである．plan（計画），do（実施），check（点検），action（対応）の頭文字を取ったものであり，この順番に絶えず計画を見直していこうとするものである（図 5.6）．アダプティブマネジメントなどの中で使われる手法である．もう 1 つ，プロアクティブアプローチ（proactive approach）を紹介しておこう．これは先行型保護策と訳されているが，手元に十分なデータがない場合でも，早め早めに対策を取っておこうという考え方である．野生生物の保護区域を定める場合などに使われる．以上の通り，最近の森林管理の手法は現実により柔軟に対処できるように変化してきている．ところで，アダプティブマネジメントの考え方は前述の照査法の考え方と基本的には同じである．何のことはない 20 世紀初頭にヨーロッパで考えられていた照査法的な森林管理手法が，アメリカ，カナダの新大陸では約 100 年遅れで現代流にアレンジされて再登場したのである．もちろんアダプティブマネジメントは GIS（地理情報システム）などの先端科学技術を利用しているので手法的にははるかに高度なものであるが，根底に流れる思想，自然に接する態度は同じである．

d. 日本の里山問題

モントリオールプロセスの基準にみられるような高尚な理想が掲げられ，また，アダプティブマネジメントに代表されるような先進的な森林管理手法が提案されているにもかかわらず，日本の森林問題は相変わらず変化に乏しい．まるで忘れ去られた存在であるようだ．しかし，そうした状況下でも，最近は里山が注目されるようになっ

図 5.7 分布域を拡大し続けるシイ林（京都市大文字山，撮影 櫻井聖悟）

てきた．里山は農業とセットになった土地利用の形態であり，農山村の暮らしの中でつくられた二次的な自然である．里山に生息する動植物は人との関わりの中で生息してきたものであったので，里山が放置され植生遷移が進むことにより里山に特有の馴染みのある生き物が減少してきている．また，里山は人里と奥山とのバッファーゾーン的な役割を果たしてきていたが，近年里山が放置されていることによりその機能が低下し，その結果，イノシシやクマなどの大型野生動物が人里近くまで出没するようになったともいわれている．里山はかつて薪炭林としても利用されていた．里山は放置しておくと植生遷移に従って，やがてはその土地固有の極相林へと変化してしまう（図 5.7）．森林を管理しようとする場合，最も根本的な問題，すなわち，どういう森林に導こうとしているのか，目標を定めることが重要である．森林管理手法は目標を達成するための技術にすぎない．里山の場合は故郷の景観を蘇らせようとしているのか，自然の推移に任せようとしているのかという判断が必要である．条件のよい里山であればバイオマスエネルギー林として利用できるかもしれない．場所によって森林管理の目標を変えるのであればそれは森林ゾーニングの問題になる．いずれにせよ，森林を保全管理するためには人は意志をもたねばならない．

e. 自然のシステムと人間のシステム

ⅰ）自然に対する謙虚さが必要　今までの話をまとめておこう．森林を管理しようとする場合，人は自然に対して謙虚であり続けなければならない．自然のシステムに対して無知の部分があることを自覚し，無知であることが招く失敗のおそろしさを知っていなければならない．森林のように成長するまでに長年月がかかるものは，一度の失敗が取り返しのつかない結果を招くことがあるからだ．自然のシステムは，水は低きに流れるがごとく，ある場合には非常にシンプルな法則に支配されていることがある．しかしそれらが相互作用をするようになるとたちまち複雑な系となり理解しがたいものになる．自然を自然のまま取り扱うことは難しいので，人間は自然を分割

したり，似たもの同士を集めたりした．スギ林やヒノキ林などの同齢単純林は，人が自然を取り扱いやすくするために仕立てたものである．したがって，同齢単純林ばかりを造成すると，自然界のバランスを損ねることになり，自然からとんだしっぺ返しを受けることになる．人間がつくり出した擬似的な自然システムは，TPO，すなわち，時と，場所と，目的に応じてしか適用できないものである．TPO が異なる場合に適用するときは慎重の上にも慎重であらねばならない．用心深さが必要である．そして，アダプティブマネジメントの考え方にしたがって，PDCA サイクルを適用しながら改良を続けなければならない．

ⅱ）森林管理システムは文化のバロメーターである　ところで，PDCA サイクルは企業でも使われている．民間企業の場合は不採算な部門かどうかを絶えず見直し，不採算であればその部門から撤退すればよい．例えば，企業が森林をもっており，不採算であれば売却してしまってもよい．しかし，行政としては，その土地はずっと残るので，不採算だからといって見捨てる訳にはいかない．見捨てた土地がゴミ捨て場になったりしたら困るのは行政自身であるからだ．農業や林業などの土地産業は，基本的にこうした問題を内包している．例えが悪いが，トイレは何も生産しないがなくてはならないものである．トイレを清潔に保っているかどうかは，その家庭や地域のトイレに対する考え方を反映している．したがって，トイレは文化のバロメーターであるといわれている．今日，日本では森林は管理コストばかりがかさむので放置されていることが多い．しかし，森林は公益的な機能を有しているので地域としてはなくてはならないものである．したがって，森林が健全に管理されているかどうかも文化のバロメーターであるといえる．日本の森林をどうするかは森林管理システムによって解決される問題ではなく，文化の問題なのである．森林や環境に対する意識の問題である．人それぞれに物語があるように，森にもそれぞれの物語がある．個々の森の物語を聞くことによって先人達の森に対する思いや知恵を継承していって欲しいと願う．それが自然のシステムを学ぶことにつながり，自然と人との共生の道へとつながる．

（田中　和博）

引用文献

1）　林野庁（2005）：平成 16 年度森林・林業白書．

5.2　森林モザイク—自然と人間との共同作品—

　図 5.8 は日本のどこにでもみられる森林の姿である．演習林から付近の風景を俯瞰してみると，スギの植栽地や雑木林，幼齢林や高齢林，針葉樹林や広葉樹林など様々な姿の小さな林分が隣り合い連なってモザイク模様が広がっているのに気づくであろう．その模様を調べ，その背後にある森林管理の歴史を知り，地域森林の特徴と機能を解析し，そして将来の姿を描くことがこの節の目的である．自然条件と林業活動との組合わせの結果であり，情緒的にいえば「自然と人間との共同作品」である森林モザイクは身近な日本の山の風景である．

図 5.8　林業地によくみられる森林の風景（静岡県榛原郡中川根町）

a. 森林モザイク入門

　天然林の構造や更新を説明する場合にモザイクという用語が使われる．その用語の内容との混同をさけるために，まず，本節で使う森林モザイクの用語の定義が必要である．ここでは林業が発展している地域で様々な姿をした林分を単位として構成される模様のことである．

　ⅰ）モザイクの定義—林分と森林全体—　林分とは林相の違いによって区画される森林の最小区画単位である．林相とは森林の外観であり，それを構成する樹種と混交割合，林齢と樹高，疎密度あるいは保育作業の程度などにより決まる．外観が同じ部分を区画したものが林分である．林相を厳密に区別すると林分は小さくなり数は多くなるので，林業的に同じ取扱いができるかどうかを基準にして，「ほぼ同じ林相」の部分を林分として区画するのが現実的である．それに対して，様々な林相の，多くの林分が隣接して構成されるのが森林全体である（図 5.9）．

　ⅱ）モザイクの原理—モザイク化と反モザイク化—　人間の手が入る以前の森林は広い範囲にわたり同じ林相が続いていた．土地の自然条件に合わせてできあがった

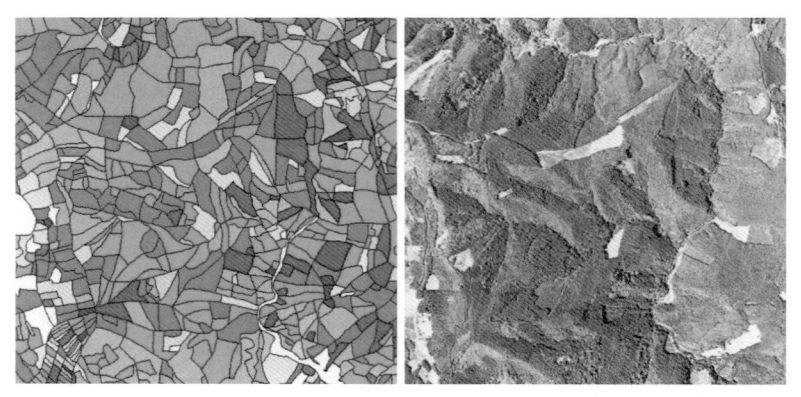

図 5.9　林相の違いにより区画された森林地図（左）と空中写真（右）（静岡県榛原郡中川根町）

斉一な森林は現在でも保護林や原生林にみることができる．

　今，手つかずの森林の一部分が伐採されたとする．そこは無立木地となり天然林の中に小さな「孔」があく．その部分はやがて更新されて幼齢林として再生するが，その部分は周囲とは林相が違うので，1つの林分が生まれたことになる．林業が盛んになるにつれてあちこちで伐採が行われ，異なる林相の林分があちこちに生じる．また，伐採の後に植林する育成的な林業が広がると，植栽樹種により周囲とはまったく違った林相の林分が生じる．この伐採と更新とがあちこちで生じることにより，斉一であった森林は徐々に林相の違う林分が隣り合うモザイク模様に変わっていく．伐採や植林という林業活動のほかに山火事や風倒による被害，樹木の更新や成長などによりモザイク模様はつくられていく．斉一な森林が林相の異なる林分に細分化されていくことを「モザイク化」の現象と呼ぶことにする（図 5.10）．

　これに対し，林相に差がなくなり1つの林分が隣接する他の林分と合併する場合がある．大きな山火事や風倒などの災害により森林が広い範囲にわたり破壊された場合，それまであった多くの林分は消え，斉一な無立木地になる．林分の数が減り斉一な姿に戻ることを「反モザイク化」の現象と呼ぶことにする．

　災害だけではない．植林された人工林は時間とともに林齢の差による外観の違いは消える．植林されたばかりの5年生の幼齢林と10年生の若齢林では密度も樹高も違い別々の林分として区画しなければならない．しかし，50年後は両者は55年生と60年生の人工林となり林相の差はなくなる．樹木の成長に伴って林相は類似してくるので反モザイク化の重要な原因になる．

　このモザイク化と反モザイク化が広い森林の中で常に生じている．目の前にみる現在のモザイクは，過去から未来へ動き続ける森林の1時点の姿である．

　iii）モザイク研究の目的—森林管理と森林空間配置—　モザイク模様の変化は自然現象と林業活動とによって起こると先に述べた．ここでは伐採と植栽，利用と保護という森林管理と森林の空間配置との関係を分析する．そのためにはまず，対象地のモザイクの時系列的な変化を明らかにしなければならない．過去から現在までのモザイク図を一定の時間間隔でつくることである．同時に地域の林業について統計や資料などを調べて，過去の活動の様子を明らかにしなければならない．

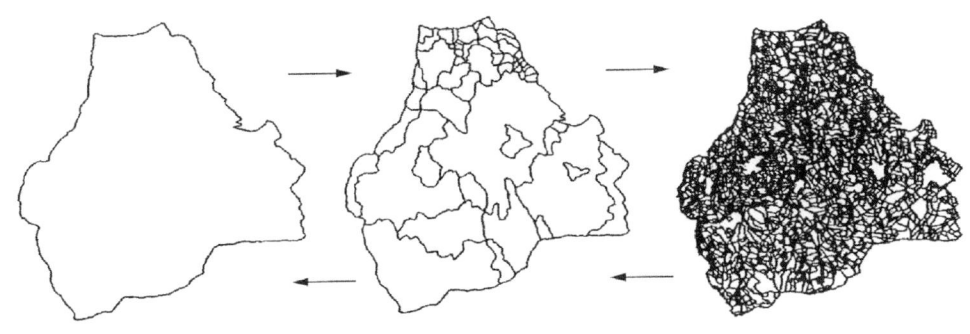

図 5.10　モザイク化の過程（左→右）と反モザイク化の過程（右→左）

この地図情報と文献情報とを用いて，森林の空間配置とこれまでの林業活動とを関連づけることがモザイク研究の第1の課題である．

現在の森林の空間配置は資源，環境，安全，景観などの視点から地域を特徴づける要素であり，それらを評価することが第2の課題である．林業基盤として，あるいは自然環境として，配置の長所と短所を調べることである．現在のモザイクは過去の林業活動の結果であり歴史の所産であるから，それを評価することでもある．

また，将来どのような空間配置が地域に望ましいかを明らかにして，それを実現するための森林管理の方策をつくることが必要である．将来の目標としての森林モザイクをいかに実現するかの計画をつくることがモザイク研究の第3の課題である．森林管理の基本的な仕事といえる．

森林モザイクの解析の目的をまとめると，次の通りである．① 地域森林の空間配置と過去の森林管理との連関を明らかにする．② 現在の地域森林の空間配置を資源，環境，安全，景観などの視点で評価する．③ 将来の目標とする地域森林の空間配置を描き，それを実現する森林管理の計画をつくる．

b. 森林モザイク図の作成演習

対象地の森林配置を分析するために過去，現在，未来のモザイク図をGIS（地理情報システム）を使ってつくることを演習する．その手順を示し，実際に演習できるように説明していく．

ⅰ）資料の収集—森林地図と空中写真— 日本の森林計画制度は民有林，国有林を問わず全国の森林の現状を5年ごとに調べ，記録することを定めている．それは5000分の1縮尺の森林計画図（森林基本図）と森林簿（森林調査簿）であり，民有林は都道府県が，国有林は森林管理局が管理している．そこには林分の所在地，形，大きさなどが地図上に示され，林分ごとの属性（樹種，林齢，密度など）の詳細がノートとして記録されている．これらは一般に入手することができる．しかし，これは現在のデータに限られる．過去の地図や記録は体系的には残されていない．

次に空中写真の入手である．空中写真は1960年頃からほぼ5年間隔で撮影されて体系的に保管されているので入手することができる．森林域は日本森林技術協会，農地都市域は日本地図センターが管理しており後者はホームページで公開されている．空中写真は森林の姿を空中からみたままに記録しているが，林分は区画されていない．そこで林分判読（区画）の作業が必要である．それにより過去50年間近くのデータが得られる．現在の森林地図および森林簿のデータと過去の空中写真とを比較しながら使用するとよい．さらに，厳格に森林情報を求めるには現地の踏査が欠かせない．入手したデータが不正確だと不平をもらすのではなく，自分で調査することが必要である．

ⅱ）GISの利用—林分区画と属性の入力— 地図と空中写真から対象地の林分区画を整理して，GISに入力するための原図をつくる．次に，それをデジタイザーあるいはスキャナーで入力する．GISの操作については使用するGISソフトや機械装置の説明書に従うとよい．

林分区画線が正しく入力されて，対象地の全体が隙間なく林分に分けられた後，それぞれの林分に属性を与える．例えば構成樹種，林齢，人工林・天然林の区別，立木密度，蓄積，土壌型，傾斜などである．その項目は作成しようとするモザイク図（例えば樹種モザイク，林齢モザイク，人工林・天然林モザイクなど）に必要なものを選ぶ．

それぞれの項目について，どのようなカテゴリー（範疇）に分けるかを入力作業の前に設計しなければならない．例えば，樹種分類や林齢分類について細分化すればカテゴリー数が多くなり図は複雑になる．逆に大まかに分類すると疎雑な図になる．これらの林分区画，属性の項目とカテゴリーの設計は地図作成の作業で非常に重要である．

iii）時系列地図の作成—時間変化の解析— 対象地について1980年，1940年，1900年の3つの時点の時系列地図をつくるとする．必ず，現在に近い1980年の原図から林分区画線を入力する．次に，それぞれの林分の属性として，例えば樹種のカテゴリーを入力する．それぞれのカテゴリーに適当な色をつけて表示すれば，1980年現在の樹種モザイク図が完成する．

次に，1940年の時点の図をつくる．そのためには，1980年の地図の林分区画を原図として，その上に，1940年の区画線で変わった部分だけを変更，削除，追加する．これは，新しい地図が最も正確であることを前提として，過去の区画線を変更するというルールである（図5.11）．

これに対して，もし，1980年の原図とは別に1940年の区画線を独立して入力すると，それぞれの区画線は微妙にくい違う．そのために実際には変化していない部分が地図上では変化するという結果となる．したがって新しい地図を原図として，それを修正して過去の地図をつくる方法がよい．

このようにしてつくった1980年，1940年，1900年の樹種モザイク図をGISによって重ね合わせることにより，それぞれの期間中に変化した場所を示す地図をつくることができる．2つの地図を並べて見くらべるだけでは，その変化量をはっきりとは認識できないが，GISの重ね合わせにより，その変化した部分の位置と大きさが明確にわかる．

ここでは樹種図を例示したが，その他に林齢図，人工林・天然林図など様々な属性ごとのモザイク図をつくることができる．さらに，それらの2つ以上の属性図を重ね合わせると，複合属性図を合成することができる．これが一般的な森林モザイク図である．また，これまで森林内のモザイクを対象にした地図づくりを演習したが，その他に，森林，農地，都市などを含めた土地利用モザイク図も同じ方法で作成することができる．

縮尺について，地図の縮尺が小さくなるにつれて，あるいは対象地が広くなるにつれてモザイクは複雑にみえる．したがって地域間の比較を行うときには，縮尺と対象地の大きさをそろえる必要がある．

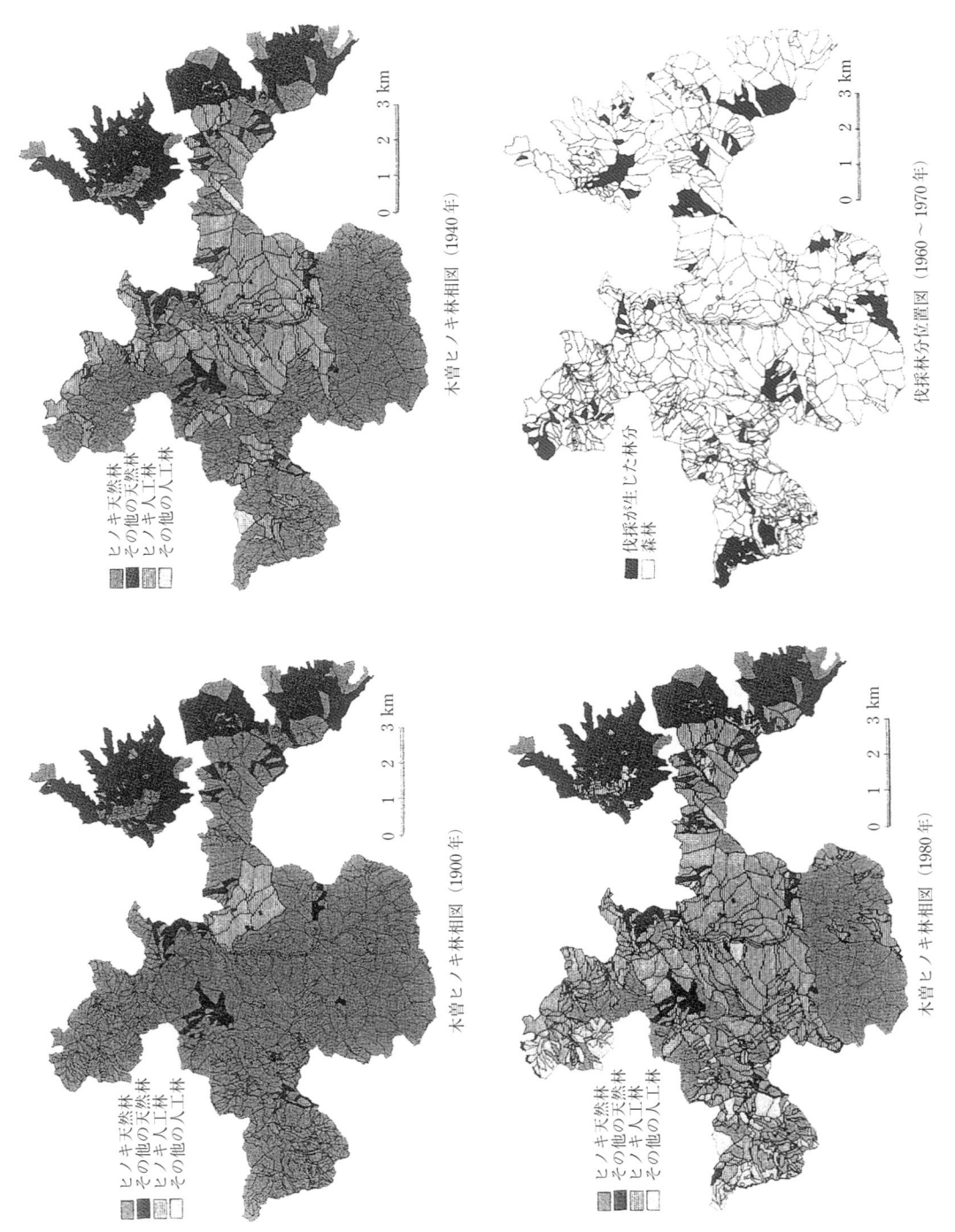

図 5.11 過去 100 年間における木曽谷天然林の人工林への変化

c. 対象地の現地調査

地図上のモザイク模様を図形問題として扱うのではなく，その背後にある地域の林業の歴史や社会状況と関連づけなければならない．そのために地図の作成と合わせて現地調査を行い，地域の社会的，経済的な状況と自然環境を明らかにすることが欠かせない．

筆者は林分の形や位置，面積や区画線の長さ，あるいは隣接する林分の属性の対比などを図形問題として調べたことがあるが失敗した．そこからは林業振興や環境保護に役立つ結果は期待できないと感じた．モザイク地図が研究対象ではなく，そこに実在する森林と人々が暮らす地域社会が研究対象であるといえる．

ⅰ）所有と経営の形態　モザイクの形成には林業活動が深く関わっている．したがって，林分ごとの所有者あるいは経営の形態を調べる必要がある．日本の小規模な林地所有と非常に数多くの所有者の存在が，そして個人ごとのランダムな意向による管理内容がモザイクの形成に深く関わっている．国有林は単一の所有者により，統一された経営方針で管理されているので，民有林地帯とは著しく模様が異なっている．所有者については空中写真ではわからないので森林簿と現地の調査が必要である．

ⅱ）地域林業の歴史—森林施業の変遷—　林業経営の方法も考え方も時代の流れに強く左右される．木材の需要，立木価格，労働力の供給，機械化など地域の社会的・経済的な状況に合わせて林業は活発になり，あるいは低迷する．また施業の方法，特に伐採の方法，更新の方法，植栽樹種の選択には流行があるので，対象地の状況を調べることが必要である．大面積皆伐，小面積分散皆伐，択伐や複層林施業，単一樹種植栽，混植，天然更新などの時代の流れはモザイクの形成に深く関わっている．これらを過去にさかのぼり現地で調査することは欠くことができない．

ⅲ）現地調査と林分調査—地上写真と林況—　空中写真からわかる情報は，上空から判読できる林冠の特徴である．森林簿は数値と記号で表現された林分の内容である．これに対して，現地を踏査して林分の内容を測定し，自然の環境条件を調べることは，地図や写真による分析の欠点を補ってくれる．特に，地上写真は林分の状況を理解するのに有効な材料である．

d. 森林モザイクの考察

地図づくりと現地調査により考察材料は整った．そこで，はじめに述べたモザイク研究の目的に沿った考察を進めることができる．これについては「森林モザイク論」[1]として筆者は報告しているので，要点をまとめてみる．これは特定の地域の具体的な資料に基づく考察ではなく，抽象化されたモザイク森林の特徴を整理したものであることをことわっておく．やや長くなるが引用する．

「モザイク模様が発達した森林は「多様性」「持続性」「生産性」の３つの特徴をもっている．

① 多様性：モザイクを形づくるそれぞれの林分の内容は，樹種や年齢が同じで均質で単調ではあるが，数多くの林分の集合として広い範囲を見渡すと，多くの種類の林相が複雑に配置されている．森林は平面空間的には多様性があり豊かな生物環境で

あると考えることができる．

② 持続性：樹木は時間とともに成長し成熟しやがて枯死する．モザイクを形づくる1つの林分は，ある時点で伐採されて裸地化するが，再び植林されて幼齢林になる．伐採されない林分は必ず成熟し老齢化する．若返りと老齢化とが林分ごとに毎年繰り返されているが，広い森林全体を眺めると年齢は変わらず安定している．森林の状態は時間空間の中で動的な平衡状態が保たれているので，資源としても環境としても持続性が高いと考えることができる．

③ 生産性：伐採や植林の作業は林分ごとに行えば，林相が同じであるから単純で斉一な「皆伐」や植栽の作業ができるので作業の能率は高まる．機械化が進み労働生産性が向上して林業の収益は大きくなる．このようにモザイク模様が発達した森林は環境の保護と資源の利用にとって都合がよい．」

まとめとして，身近にみられる森林のモザイク模様とは林業による伐採や植栽の繰り返しによりつくられるものである．現在，目の前に広がる模様は過去の林業活動とその地域の自然環境の結果である．そのモザイクの内容は，現在の地域の森林の機能，生産や環境を規定しているといえる．これは「結果としての森林モザイク」である．

これに対し，将来どのようなモザイクを実現するかを描いて，それを実現する今後の森林管理の内容を決めようとする立場がある．これは「目標としての森林モザイク」

図 5.12 磯野画伯に描かれた森林モザイクの風景

である．森林と人間の相互作用を扱うフィールドサイエンスに貢献できる課題である．

〔木平　勇吉〕

引 用 文 献

1)　形の科学会編（2004）：森林モザイクの美．形の科学百科事典，pp. 198-199，朝倉書店．

参 考 文 献

木平勇吉（1994）：森林モザイク論―森林の土壌や生態系の破壊を伴わない森林利用は出来るか―．水利科学，**217**：1-7．
木平勇吉（2002）：森の伐採と更新―森林モザイク論―．森林資源科学入門，pp. 255-265，日本林業調査会．
磯野宏夫（2003）：エメラルドの夢，p. 149, 152．

5.3　流域生態圏管理

「森林生態系」は，森林と環境の相互作用系であり，この相互作用の要因としては，主に自然的要因を考える．これに対して，「森林生態圏」は，この相互作用系に，森林と人間の関わりを要因として組み込んだ，森林-人間の複合場としての「森林」を考える．このことの積極的な意味は，地球環境，あるいは地域環境問題に関わる森林資源略奪，森林開発・荒廃地化などの人間活動を「森林生態圏」の要因としてとらえることによって，その問題解決の「場」を見いだすことができる点にある．また，人間活動は，森林のみに限られることではなく，森林域を上流として中流域，下流域，沿岸域での農業や漁業などの生物生産活動，工業生産活動，都市活動など流域規模での総合的な生活活動が行われている．これらもそれぞれの活動としての個別的な生態圏を考えることができ，それを総合したものとして「流域生態圏」を考えることができる．

「森林生態圏」は，森林と人間との直接的な関わりであるが，この保全管理について，流域全体での総合的な関係を考えた「流域生態圏管理」としてとらえる必要がある．

a.　日本における森林管理と開発

日本における森林と人間活動，その相互作用を歴史的に概観してみる．日本では，古代から生活の資源を森林に依拠し，燃料，建築材，肥料，飼葉として利用していた．特に水田農業では，水と肥料を森林山地に依拠している．森林における物質循環の限界を超えない範囲での森林資源の利用は，森林を荒廃させないが，多くの都市近郊の森林地では，林木はもとより落葉・落枝，草本，根などそれこそ根こそぎ森林を利用した結果，森林土壌の流亡をもたらし，基岩の露出した多数のはげ山（裸地）を生じていた．江戸時代には，森林資源は枯渇し，都市の成長，人口増加，耕地開発などにより，森林利用は過剰となり，荒廃した山地から土砂流出，洪水氾濫による災害が頻発した．そのため，治山治水の要諦は，荒廃山地の緑化保全にあるとして，森林伐採の制限や植栽事業を行った．これが基本的な森林生態圏保全のための保安林の思想であり，現在でも日本の保安林面積は森林面積の36％，全国土面積の20％を占める．特に，水源涵養保安林は，全保安林の70％以上で，土砂流出防備保安林，土砂崩壊

防備保安林を加えると96％となる．

　この江戸時代の森林保全策は，森林生産物の利用との間で競合・対立し，利用圧力の前に森林破壊が迫っていた．森林保全と森林生産物利用との関係は，森林生産物の過剰利用は森林荒廃となり，森林生産物が減少して，さらに相対的に過剰利用が加速される悪循環となり，多くの地域で破局的な森林荒廃が起こっている．しかし，江戸時代に畿内と濃尾，瀬戸内沿岸部を除いて，破局的な森林生態系の衰退（はげ山）は全面的には起こらず，森林伐採の増加が鈍り，安定した森林利用が行われた[1]．この理由として多くの要因が考えられており，伐採制限，人力伐採技術の限界，育成林業技術の発展，土地定着による土地の持続的利用，飢饉，災害による生産不適地人口の減少，有機肥料としての海産物の利用拡大，山羊や羊の放牧がなかったことなどがあげられている．この結果，森林資源のギリギリで最大の安定的利用が行われたといわれている[1]．つまり，社会経済，思想，資源制約，技術開発などの多様な要因が複合して，全国的な森林収奪による土地劣化としてのはげ山に全面的に移行しなかったと考えられる．このことは，21世紀の循環型社会を考える上で，重要な意味がある．

　しかし，その後第二次世界大戦と敗戦後の復興期では，再び森林資源は略奪され，1955年以前では，都市近郊や集落周辺のはげ山は数多くあり，洪水や土砂災害は頻繁に起こっていた．西日本に多くみられたはげ山に緑が戻ったのは，化学肥料への転換，石油エネルギーへの転換，外材の輸入，皆伐面積の減少などによる森林資源への圧力が少なくなったここ40年程度と考えてよい．この森林資源代替物への転換による日本山地の森林化によって，表層崩壊や表面侵食は減少し，洪水緩和の機能もよくなってきた．しかし，ここには日本が自国の森林資源の循環的利用を行えない日本林業の問題と，同時に海外の森林資源を輸入し利用するという深刻な問題がある．この森林資源や穀物を輸入するという問題は，植物生産で消費される水資源を略奪しているという，いわゆるグリーンウォーター（あるいは，ヴァーチャルウォーター）の問題としても重大な問題となっている．

　このように，森林と人間活動との相互作用として，歴史的な森林の変化がある．この森林の利用に伴う森林の変化の推定を図5.13に示す．この図に示されているように，森林の急激な変化は，1500年頃からはじまり，1950年頃にはさらに加速的な変動が起こっている．この急激な変化は，日本の近代から現代までの経済的，社会的，あるいは政策的な変化と密接に対応していることが示されている．

b. 流域生態圏管理システム

　「森林生態圏」は，人間活動との相互作用系であるが，人間活動は「森林」のみに限定された対象があるわけではなく，地域，あるいは流域のスケールで行われている．そこには，個別的な生態圏のフィールドがある．

　特に生物生産の生態圏における研究は，従来，農学の諸分野において行われており，それぞれの生産場における技術の構築を目的としたものである．こうした農学の成果によってもたらされた生産技術は，いわゆる緑の革命に代表されるように，面積・労働力当たりの生産量を向上させ，またそれによる集約的な生産体制の確立は，生産限

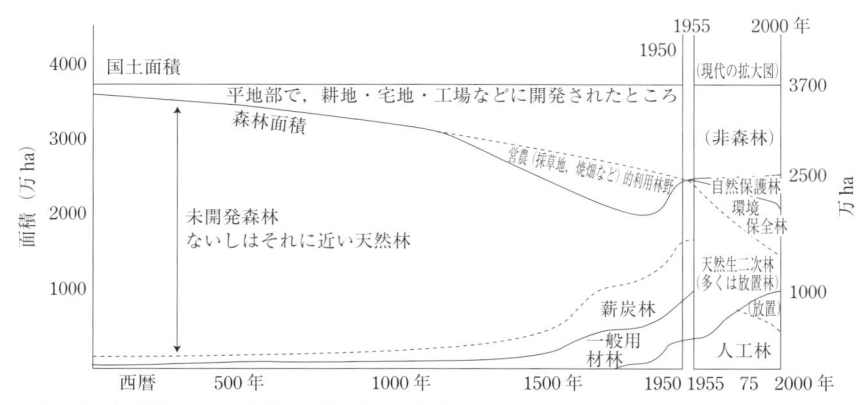

注) 自然保護林とは，保全林の禁伐，択伐規制林，自然公園の特別保護地区，第 1〜2 種特別地域，自然環境保全地域の特別地区以上，国有林の森林生態系保護地域など約 300 万 ha．

図 5.13 森林・林野の利用展開推定図 [2]

界地の人工環境管理による環境負荷を減少させた．しかし一方，森林や耕地などの陸域，また河川，湖沼や海洋などの水域の様々な生態系は，それぞれが単独で閉鎖的に存在しているのではない．それらは時空間的に連続であり，エネルギーと物質の動きを介して相互に関係しており，さらに上位の生態系を形成している．近年，それぞれの生産場における大規模化と集中的な技術投下は，局所的な生態系の脆弱化，生態系間の軋轢，より高次の生態系に対するストレスの増加をもたらしている．

このような，レベルの異なる生態系間の相互作用を統合的にとらえ，持続的な人間活動を維持するためには，農学の諸分野が従来の学問体系の枠にとらわれず，それぞれが対象としてきた系と系の連関を視野に入れた研究や，またその成果を地域的な技術論にフィードバックすることが重要である．この方法論を確立するため，地球上のフィールドのうち「人間社会を含む様々な生態系が存在する空間」，つまり「生態圏」における人間活動と自然生態系の関係を統合的に管理していくことが重要である．

21 世紀社会の持続性としての循環系は，水循環をもとに，個別的な人間活動が行われている流域スケールでのトータルシステムという視点が重要である．つまり，図 5.14 に示すように，流域における森林水源域，耕地域，都市域，海洋域などの各土地利用別の個別循環系をもとに，各個別の循環系への適正な限度内での物質の入出力のやりとりを総合した流域循環系を構築することである．

このためには，土地利用別個別循環系の高度な技術開発と，地域に定着した人間生活を根底にもつ循環型思想へのパラダイムシフトがその基礎として重要である．

この循環型思想の基本にあるものは，自然循環系としての森林生態系である．森林地は，もともと生態学的に安定であり，生態学的バランスを保全するという意味での森林保全が人間生活の環境にとって重要であることは疑いがないことである．この森林の生態的安定は，多種多様な要素から成り立っており，全体的なバランスから人間と森林の関係を考えていく必要がある．この生態的安定を大面積，低コストで形成・

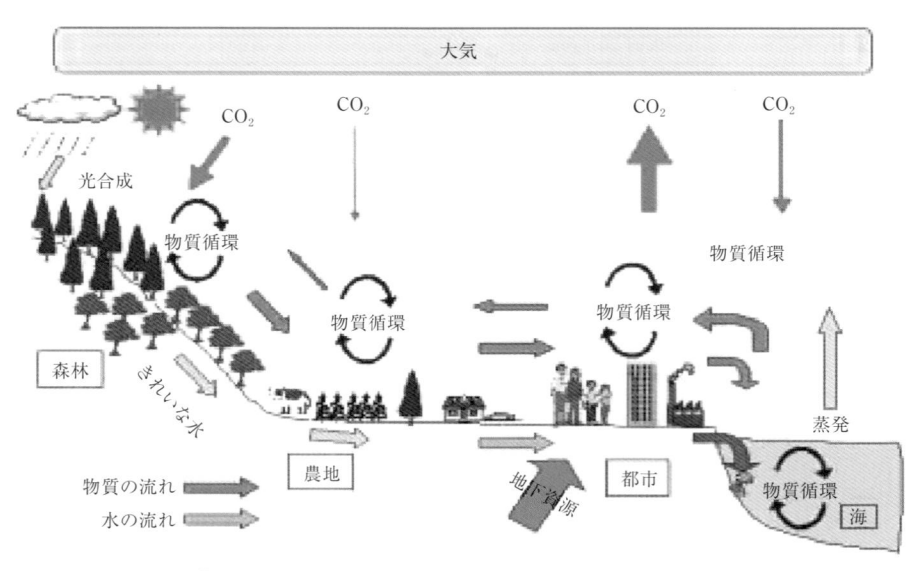

図 5.14 個別の生態圏循環系を基本とした流域生態圏の管理

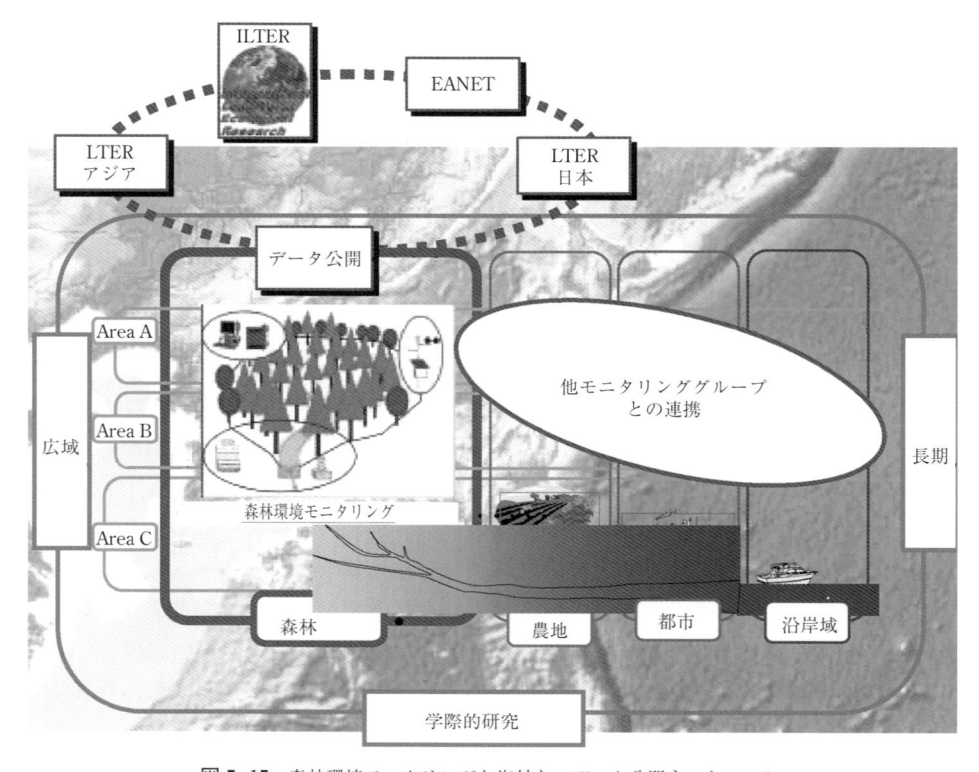

図 5.15 森林環境モニタリングと海外とのデータ公開ネットワーク
LTER；Long Term Ecological Reserch, ILTER；International LTER, EANET；Acid Deposition Monitoring Network in East Asia.

発展させるには森林の保全の考えが最も有効であり,森林の持続的な循環系は,原理的には,ハードな技術システムではなく,柔軟なソフト技術と考えるべきであり,全体としての流域管理における「ソフト化」の中で位置づけていく必要がある.つまり,森林生態系においては,リサイクルという言葉は存在せず,ほとんどすべての物質がサイクル(循環)する.ゼロエミッションという言葉も必要がない.成熟した森林では,トータルの収支では,ほぼ均衡している.すべての物が分解可能であり,分解のための新たなエネルギーの投入を必要とせず,循環に必要なエネルギー源は太陽光線だけである.森林生態系は水循環を仲立ちとした理想的な物質循環系であり,その理解・研究および有効利用は人間社会の存続にとって不可欠である.

さらに重要なことは,各個別の生態圏における基本的な循環要素として「水・エネルギー・物質循環の変動」,ならびに「生物多様性変動」を長期にわたりモニタリングし,その観測データを公開していくことである.この情報公開は,研究者・市民・行政に開かれたデータベースの構築・公開,またモニタリングへの市民参加などにより,「フィールドサイエンス」のネットワーク研究が展開されることになる.

これには,今後,長期大規模生態学研究(Long Term Ecological Research, LTER)さらには,国際的なネットワークとしてのILTER(International LTER)が,大学演習林においても重要な役割を果たすであろう.最後に,大学演習林が進めている森林環境のモニタリングとデータ公開の基本的な構想を図5.15に示す(1.2 c. iii)項参照).

森林環境観測データを流域で観測されている環境関係のデータとリンクさせ,さらには,海外とのデータ公開のネットワークの研究を展開していく展望をもっている.

(小川 滋)

引用文献

1) コンラッド・タットマン(熊崎 実訳)(1998):日本人はどのように森をつくってきたか,200 pp,築地書館.
2) 依光良三(1999):森と環境の世紀,292 pp,日本経済評論社.

資料編：森林エコシステムの管理計画
〔特色ある演習林実験・実習〕

1. 東京大学北海道演習林：天然林施業実験林における伐採木の選木実習

実習を行う天然林は北方針広混交林帯に属し，100年前は原生林であった．長年にわたる天然林施業実験では，トドマツ，エゾマツ，シナノキ，ミズナラなど自生の約50樹種を施業の対象とし，2万haの事業的規模での持続的木材生産と環境保全の両立を目標に掲げ，主に択伐作業による収穫を行うことで森林の改良を重ねてきた．

「林分施業法」では天然林を現存樹木の状態と天然更新の難易度によって択伐林分，補植林分，皆伐林分に区分し，それぞれ単木択伐，群状択伐と植栽，皆伐と植栽の各作業を行うとしている．

選木実習は，10年ごとに伐採が行われている択伐林分に，1班当たり0.25 haのプロットを設定し，通常の作業プロセスに準じて行う．

数名1班でまず林況調査を行う（図1）．プロット内の胸高直径5 cm以上の全個体に番号札をつけ，樹種，胸高直径，形質（欠点）を記録する．現場でパソコンの専用プログラムを用いて集計を行い，単位面積当たりの本数・蓄積，大・中・小径木の構成比，樹種構成比などの指標を得る．

施業計画では標準地の年成長率から計算して伐採率の上限を16％としている．この限度内で伐採木の選び方を議論する．考え方の基本を「伐採が森林の改良となるように」と指示する．通常は，樹幹に風雪による折損や腐れなど看過できない欠点のある木や枝葉の少ない衰退木を選ぶ，小中径木が密な箇所では間伐する，などの方針がたてられる．

プロット内で選木をはじめ，選んだ木に青テープを巻いていく．野帳に番号と選木理由を記録し，1本ずつ材積表で確認しながら伐採率の上限近くまで積算していく．実習生が選木した後に，同じプロット内で技術職員が改めて選木し，選ぶ理由を説明

図1 林況調査

しながら今度は赤テープを巻く．実習生が最も緊張し，目が輝く瞬間でもある．

総括では，ベテランの技術職員が講評を行う．選木の当否とともに10年ごとという時間や樹木の空間的配置への留意などが指摘される．また，この選木による伐採が行われるならば，健全性，活力，立木の材質や構成比などの面で森林が改良されることを確認する．

林況調査から選木までの実践で実習生の天然林施業への理解は深まる．赤と青のテープが巻かれた実習プロットは，他の見学者にも披露され，東京大学北海道演習林の天然林施業（林分施業法）が実感できるように活用される．そして初冬の頃には実際に伐採・収穫される．

（酒井秀夫・宮本義憲）

参 考 文 献

高橋延清（1971）：林分施業法—その考えと実際，全国林業改良普及協会．
高橋延清（2001）：林分施業法—その考えと実践 改訂版，ログ・ビー．

2. 野外シンポジウム—森をしらべる（北海道大学）

北海道大学の研究林が全国の国公私立大学の学部生を対象に実施している公開講座に野外シンポジウムがある．このシンポジウムは，野外研究が行われた現場で研究者自身がその成果を紹介し，同時にフィールドワークの一端を経験させる5日間の集中講座である．ここでは「見る，聞く，触れる」ことを通して，森林研究に関する最新の情報を共有するとともに，研究の背景や目的設定，研究手法から結果の解釈にいたる幅広い議論によって野外研究の面白さを伝えることを目指している．基本テーマは「環境と生態系の機能」「生き物たちのしたたかな暮し」「豊かな森を創造する」の3つで，それらに関連した10～15の個別の研究成果を紹介する．担当は若手教員や大学院生が主体で，大学院生にとっては，自らの研究対象に対する理解をより深化させるだけでなく，専門知識のない学生たちにわかりやすく伝えるためには何が必要かを考える絶好の機会となり，学際的な視野の拡大にも役立っている．

各セッションはポスターを用いた研究成果の紹介（図2）に加えて，内容に関連す

図2 研究を行った森林内でパネルを使って紹介する大学院生
この後参加者らは研究に関連するフィールドワークを体験する．

る野外調査や観測などの体験的な現場作業を合わせて行うことを基本としている．1コマ90分という時間内に研究の背景や概要を紹介し，さらに未経験者にフィールドワークを体験させるためには綿密な準備と工夫が要求されるが，参加者が研究対象やデータの質を具体的に把握でき，研究目的の設定や調査手法の妥当性，結果の解釈や，調査の工夫などに対する理解を深め，野外研究の面白さを実感させる点で非常に大きな効果がある．野外では現場感覚の把握に主眼をおく一方，夕食後の宿舎では現場で使用したポスターや調査機器類を再度掲示し，関連する話題を含めた掘り下げた議論とポスターの縮刷版，解説資料の配布，参考図書の紹介などを通して理解をいっそう深めるための時間にあてており，両者が相互に補完し合う仕組みになっている．

　これまでの野外シンポジウムには農学部，理学部を中心に理系から文系，さらには医薬系まで多様な分野の学生が参加している．大学，学年，興味や関心も様々な学生たちが，雨の日は雨の森で，風の日は風の森で，早朝から夜更けまで，梢の先から水の中まで，徹底したフィールドでの活動を通して，「野外での研究紹介は教室で聞くよりはるかに刺激的でわかりやすい」「生物と環境の関わりを考えるにはそこに棲む生き物たちの視点で森をみることが不可欠だ」など，野外研究の面白さや，多面的な見方の重要性についての共通の理解を得る場としての成果をあげている．また，参加者の中から大学院に進学し，研究林のフィールドで野外研究を行う者も多く，現場感覚の希薄な教室での受動的，一方的な情報伝達に慣らされた学生たちにはきわめて衝撃的な機会となっている．

（植村　滋）

3. 北海道大学における「集中型一般教育演習」

　北海道大学は1997年度から試行的に実施した「フレッシュマン教育」を踏まえて，2002年度から全学（12学部）の1年生を対象とした集中型一般教育演習を授業科目に組み込んだ．フィールド科学センターの施設を拠点にして地域の自然と社会を活用する体験学習である．演習は「ほんもの」に触れる受講者の原体験を重視し，個々の感動をグループ学習によって全員が共有するよう設計されている．研究林，牧場，農場，臨海・臨湖実験所の教員が企画する科目がある．

　今回は3コースを紹介する．最初に科目名，それに続いて，①場所，②日程と実施時期，③受講者数，④演習内容，⑤単位数，⑥担当教職員所属部局（"FSC"はフィールド科学センター），⑦受講経費となる．

　(1) 牧場のくらしと自然，①静内実験牧場（静内町），②4泊5日，夏期または冬期，③25人，④家畜の世話，乗馬など，⑤2単位，⑥農学研究科，文学研究科，高等教育機能開発総合センター，FSC，⑦約9000円．

　(2) 湖と火山と海藻と森林，①室蘭臨海実験所（室蘭市）など，②3泊4日，夏期，③25人，④有珠山の火山活動と地域社会，ヒメマス解剖，海藻採集と標本作製，苫小牧林見学など，⑤2単位，⑥理学研究科，地球環境科学研究科，高等教育機能開発総合センター，FSC，⑦約8000円．

　(3) 北海道北部・冬の自然と人々のくらし，①雨竜研究林（幌加内町）など，②4

泊5日，冬期，③30人，④冬山踏査，冬期伐採見学，下川町訪問など，⑤2単位，⑥農学研究科，文学研究科，地球環境科学研究科，低温科学研究所，高等教育機能開発総合センター，FSC，⑦約8000円．

受講者は若い感性で「自然」に向き合い，その巧妙さ，やさしさ，厳しさやもろさをつかみとっている．グループ討論と発表会，担当教職員，地域の人々との議論を通して自然と人間活動との関連を一層深くとらえるようになる．学部の壁を乗り越えて受講者はうち解け，彼らの交流は継続し，次年度の「大学祭」を取り組むグループもある．

(船越　三朗)

参　考　文　献

清水　弘ら（1999）：付属施設を活用した「自然・農業と人間」に関する教養教育の試み，高等教育ジャーナル，第6号，pp. 126-138，北海道大学．

上田　宏ら（2001）：フレッシュマン教育の新しい試み「洞爺湖・有珠山・室蘭コース：湖と火山と海の自然」，高等教育ジャーナル，第9号，pp. 60-68，北海道大学．

4.　九州大学農学部附属演習林：「フィールド科学研究入門」

九州大学は，1999年より合宿形式の低年次全学教育科目「フィールド科学研究入門」を実施し，フィールド科学教育のあり方について検討している．福岡，北海道，宮崎に位置する3演習林は，各地の特徴を生かしたテーマを設け，様々な切り口でフィールド科学教育を実践している．

（1）水・物質循環プログラム（福岡演習林：福岡県糟屋郡篠栗町）

世界の陸地面積の約30％を占める森林は，地球上の水・物質の循環に大きな役割を果たしている．水・物質循環プログラムでは，樹木や森林を観察した上で，林内外の降水や渓流水の量と質，気象環境，土壌水分条件，光合成・蒸散などの生態系要素を測定し，環境が森林に及ぼす影響，森林が環境に与える影響について考察する（図3）．

（2）北海道プログラム（北海道演習林：北海道足寄郡足寄町）

景観は，人間活動の影響をほとんど受けていない天然林や，人工的につくり出された人工林，農地，草地，市街地などの多様な要素から構成されており，しかもそれらが複雑にからみ合っている．北海道プログラムでは，足寄町市街地から阿寒国立公園に至る足寄川流域をフィールドとして，森林植生，地形断面，土地利用などを調査し，

図3　マテバシイの光合成測定 　　　図4　横断測量と土地利用調査 　　　図5　水資源，植生資源などの調査

景観形成のプロセスについて考察する（図4）．

　（3）地域資源プログラム（宮崎演習林：宮崎県東臼杵郡椎葉村）

　宮崎演習林は，平家伝説で有名な椎葉村にあり，九州のほぼ中央の奥地山岳地帯に位置する．地域資源プログラムでは，山村の豊かな資源（水，木材，動植物，キノコなど）を観察し，資源量，資源の所有形態，資源の利用実態を把握し，地域資源の持続的有効利用について考察する（図5）．　　　（大槻恭一・古賀信也・井上　晋・小川　滋）

5. 京都大学フィールド科学教育研究センター北海道研究林：研究林実習Ⅲ（夏の北海道）と研究林実習Ⅳ（冬の北海道）

　根釧地方は，北と西を知床連峰から雌阿寒岳に至る高まりと白糠丘陵の低い山並みによって囲まれ，南と東は太平洋と根室海峡に面する斜面に位置する．森林は，北と西と太平洋側には針広混交林がみられるが，この地方の大半を占める火山灰土に厚く覆われた丘陵地帯にはやや湿性な広葉樹林が展開する．京都大学フィールド科学教育研究センター北海道研究林は標茶区と白糠区の2カ所から構成され，標茶区は内陸部の丘陵地帯に，白糠区は白糠丘陵の南端部に位置する．実習では，両研究林の森林と周辺地域の豊富な自然の観察を通して，景観が地象・気象・海象・生物相（特に植物相）と人為の相互関係によってつくり出されていることを実感し，北方系森林の保全について考究することを目的とする．

　（1）夏の北海道実習

　釧路から厚岸にかけての海岸での風衝草原→ミヤマハンノキ林→ダケカンバ林→針広混交林への移り変わり，内陸部の落葉広葉樹林，雄阿寒岳の森林の垂直分布を観察し，白糠区の針広混交林と標茶区の落葉広葉樹林の林分構造と動態について比較検討する（図6）．標茶区においては火山灰土壌の観察手法を習得する．

　（2）冬の北海道実習

　根釧地域の冬季は，日本でも特異な乾燥・寒冷な気候を呈する．北方系森林に関する基礎的知識を，両研究林内での山スキーの歩行訓練，森林観察（図7），樹形・枝振り・皮目・冬芽による樹木識別，積雪・凍土観察などを通じて習得する．また，周

図6　夏の北海道：毎木調査　　　　　　　図7　冬の北海道：望楼からの森林観察

辺の豊かな自然の観察や地元産業の見学を行い，森林・環境・産業の関係についても考究する．

(竹内　典之)

6．京都大学フィールド科学教育研究センター芦生研究林：暖地性積雪地域における冬の自然環境（全学向け実習）

京都大学の学生は圧倒的に関西よりも西の出身者が多い．北陸・山陰や中部山間地方の出身者は除けば，あまり雪に縁のない地域で生活してきたことになる．近年多くの学生が，環境や森林という言葉によいイメージをもって入学してくるが，子供の頃からの経験を含めても現場での体験をもった学生は多くない．

この実習では暖地性の積雪山間地域における冬の自然環境を体感し，雪氷調査法入門を習得することによって，水が態を変えた雪や氷についての理解を深め，その影響を考究する．従来から行われている研究林実習Ⅳ（資料編5参照）と比べると寒地と暖地で雪にそれぞれの特徴がある．単位は1，定員15名であるが，毎年キャンセル待ちが出る．

実習は後期試験終了後の2月上旬に3泊4日の日程で実施される．雪に不慣れな学生諸君の歩行訓練（図8）からはじまり，宿舎周辺の積雪状況を観察して意見交換する，低温になる夜の環境を体験する，積雪断面を調査してその性質を調べるなどのプログラムをこなし，3日目にはカンジキを装着して雪道を7～8 km歩き，自分の目で見，体で感じて，積雪期の自然観察（図9）ができるようになる．食事はメニューの作成から食材の買い出し・調理・後片づけまでをすべて自分たちで行うことや水道の管理（凍結予防）・除雪もこの実習の大きな特徴である．また，TA（teaching assistant）である大学院生諸君の野外活動時におけるサポートや自分自身の研究紹介などのメニューはこの実習に不可欠である．

参加者は，雪のほとんどない京都からほんの2時間半程で風景が全く変わってしまう驚き，自分でもがいてみて初めてわかる雪の大変さ，スキーなどのレジャーで得られる体験とは異なった「生活の雪」を実感して，心地よい疲れとともに京都へ帰っていく．

(中島　皇)

図8　歩行訓練　　　　　　　　　　　　図9　内杉谷自然観察

7. 鳥取大学 FSC 教育研究林：「蒜山の森」での冬山実習

鳥取大学農学部附属演習林は，2005 年 4 月よりフィールドサイエンスセンター（FSC）森林部門になり，これまでの蒜山演習林，三朝演習林，溝口演習林，湖山演習林は，それぞれ教育研究林「蒜山の森」「三朝の森」「伯耆の森」「湖山の森」に改称された．苗畑と見本林を含む FSC 森林部門の本部はこれまでと同様に鳥取大学湖山キャンパス内にある．「蒜山の森」はコナラ，ブナ，ミズナラ，ホオノキ，トチノキなどの広葉樹林とスギ・ヒノキ林，「三朝の森」はブナ二次林と針葉樹林，「伯耆の森」はアカマツ林と伐採後の再生林，「湖山の森」は砂丘に植林されたクロマツ・ニセアカシア林に鳥散布型種子をもつ広葉樹類の混生した森林と，それぞれ特徴が異なっている．これらの教育研究林では学生のインターンシップ，森林ボランティアの力も借りながら健全な生態系を維持するための森林管理と生産事業を行い，森林や自然環境に関する教育，森林生態系を対象とした研究，子どもたちを対象とした森林教室や林業体験などの地域貢献事業を行っている．

「蒜山の森」にはスタッフが常駐し宿泊設備もあることから，活動が特に活発である．2，3 年生を対象とした森林科学実習（図 10）のようにそれぞれ 1 週間泊まり込んでの合宿形式の実習をはじめ，大学生・大学院生を対象とした様々なフィールド教育が実施されている．2005 年の夏休みからは中国四国 9 大学の学生を対象とした里山フィールド演習（現代 GP）も行われている．これらの中で特にユニークなのは毎年 2 月に行われている冬山実習であろう．鳥取県は常緑広葉樹林の優占する暖温帯に属するが，「蒜山の森」を含む大山隠岐国立公園（最高峰は伯耆富士とも呼ばれる大山：1729 m）は，ブナ・ミズナラなどの落葉広葉樹の優占する冷温帯に相当し，冬には数 m もの雪が積もるところもある．冬山実習は 3 年生を対象とした選択授業であり，2 泊 3 日で行われている．目的は，積雪寒冷環境でのフィールドワークによるサバイバルと冬の森林に親しむことである．主な実習項目は，冬に対する樹木の適応，冬芽による広葉樹の見分け方，クロスカントリースキーとスノーシューによる森林踏査（図 11，図 12），雪上での薪割りと火起こし（うまくいけば豚汁が食べられる；図

図 10 「蒜山の森」での森林科学実習（秋）

図 11 クロスカントリースキーでの森林踏査

図12 スノーシューでの雪害観察 図13 雪上での薪割り後の火起こし

13)である．実習後の温泉も好評で，雪や寒さは樹木に害を与えるだけではなく，楽しむこともできるということを体験する．その結果，森林でのフィールドワークの幅が広がり，四季を通した環境教育にも貢献している．

（佐野　淳之）

8. 鹿児島大学演習林：共通教育科目「森林基礎講座」―フィールドを利用した大学の導入教育プログラム―

鹿児島大学は大隅半島高隈山系の北部に3000 haの高隈演習林を所有している．ヤクスギを中心とした壮齢人工林と照葉樹林から構成されるこの演習林では，1999年から豊かな森林資源を利用した環境教育プログラムの開発と実践に取り組み，地域のこどもたちや指導者あるいは学生（専門コース以外）を対象とした様々な森林環境教育プログラムを実施している．ここでは，大学の導入教育としての性格をもつ授業「森林基礎講座」を紹介する．

森林基礎講座は，農学部の森林コース教員によって1999年度に開設された共通教育科目である．全学の主に1年生を対象（1回当たり30名程度）とした5日間の演習林での合宿授業で，そのうちの3日間はキャンプ生活をする．山での様々な体験や見聞を通じて，① 森林に親しむ（五感を使って森林や自然にふれる），② 森林を知る（森林や環境の問題に関する知識を得る），③ 思考と表現（見聞や体験を通して自分の頭で考え，それを伝える），④ 人間関係（様々な活動を通して他人との協力関係を学ぶ）の4項目を具体的なねらいとしている．

授業の内容は，導入としてのアイスブレークとイニシアティブゲーム（対人関係の緊張をほぐし仲間づくりを促進する；図14），食事づくりを含めて生活すべてを自分たちで協力しながら行うキャンプ生活，自然への感性を育むナイトハイク（図15）やネイチャーゲーム，キャンプファイアー，森を知るための見学授業，そして知識と感性と人間関係の学びの集大成である川の源流探検（沢登り）という順で行われる．

この授業の大きな特徴は，森林というフィールドを活用した体験学習のプロセスにある．森林での生活は私たちの感性を刺激する．仲間と協力しなければ生活できない

図14 イニシアティブゲーム
グループで課題を解決するプロセスの中で人間関係を学ぶ．実習の最初に行う．

図15 五感を研ぎ澄ませて夜の森を味わう
大きな感動と感性の学びをもたらしてくれる得がたい体験である．

　場に身をおくことで，学生たちは正面から人と向き合うこと，自然と向き合うことに真摯になる．ここでの様々な活動の後には必ず「ふりかえり」の時間があり，そこで学んだこと，起こったこと，感じたことなどを整理する．それをグループでシェアリング（わかちあい）することにより，個人の気づきや感性を皆で共有することが可能になる．森林での1つの体験から，グループの相互作用によってより大きな学びを引き出すこと，その過程を通じて感性を磨き，考える力や表現する力を養い，そして豊かな人間関係を構築していく．このように「森林の教育力」を最大限に引き出し，学生が「体験から学ぶ」ことを促すのである．

　私たちは当初この授業を森林コースの導入教育として位置づけていたが，毎回の試行錯誤を経て上記のようなプログラムに到達するに至り，人間関係や表現力のトレーニング，感性など，森林コースの基礎というよりも全人的な教育，あるいは大学としての導入教育プログラムとしてふさわしいと考えるようになった．このようなフィールドを利用した導入教育プログラムは，全学すべての学生に提供できることが望ましい．鹿児島大学の特色ある教育プログラム（特色GP）への申請や，学内の様々なフィールド施設との連携，プログラム開発や指導者養成などの活動により，今後全学的な取り組みへ発展させたいと考えている．

（井倉　洋二）

9. 信州大学構内演習林：生物保健機能実習

　長野県南箕輪村にある信州大学農学部のキャンパスはアカマツやヒノキを主とする森林に囲まれ，「森の大学」と呼ばれている．学生や市民が憩いの場として散策し，森林のよさを体験・学習できる全国にみてもきわめて恵まれた環境である．一方，構内演習林では手入れの必要な人工林に関して間伐作業を行っている．間伐材生産で生じる末木枝条の堆積や林地残材は未利用資源であるとともにキャンパス景観や森林散策の上で好ましいとはいえず，森林調査を行う上でも障害になる．

　生物保健機能実習では，こうした間伐作業跡地や林内散策路の環境整備とフィールド作業を通じた心の癒しを体験する．

図16 散在する未利用資源の整理

図17 薪づくりと癒しのお茶

図18 計画づくりと発表

図19 快適な癒し空間づくり

　労力と根気がいる環境整備だが，使える残材は薪や炭材として選別し，その薪や炭を利用してお茶や焼き芋，作業中の暖に利用している（図16，図17）．林床がきれいになった後，グループごとに快適な森林空間をつくる計画立案と発表を行い（図18），自分たちのできる範囲で作業にあたる．手入れの仕方や道具の扱い方は教員と演習林技官がサポートする．学生に自発的に森づくり作業をやってもらうことにより，達成感や満足感を得てもらう（図19）．

　チェンソー，鉈や鋸を使った薪つくり，薪から生じるゆらぎのある炎と煙，薪で沸かした飲み物，休憩時の語らい，時間と場所そしてすべてを包みこむ森林，すべてが癒しとなっている．

（加藤　正人）

索　　引

A層　38, 55
A₀層　38, 55
AFLP分析　65
AMeDAS　27, 51
B層　38, 55
BA本数優占度　91
C層　38, 55
C/N比　57
CPOM　117
distance sampling method　68
DNA分析法　75
GIS　43, 139, 144
I_B指数　100
ILTER　153
L関数　63
LTER　16, 153
PDCAサイクル　139
pH　9
SEM解析　65
SiBモデル　19

あ　行

アカネズミ　99
亜高木種　104
暖かさの指数　6, 29
アダプティブマネジメント　139
アメダス（AMeDAS）　27, 51
アメダスCD-ROM　29
アルベド　120
アンケート調査　89

イオンクロマトグラフィー　86
イオン交換　10
一次性昆虫　70
一次遷移　85
一般気象観測　50
一般教育演習　156
遺伝学的特徴　68
緯度　31
イノシシ　101
癒し　162
インタビュー　90

ヴァーチャルウォーター　150
雨滴侵食　114
雨滴の捕捉率　80
雨量計　80

永久調査区　60
枝打ち　105
塩基交換容量　57
塩基飽和度　58

大型哺乳類　101
温暖化防止　18
温量指数　6, 29

か　行

外材　134
外生菌根菌　74, 76
階層構造図　92
快適な森林空間　163
開発　129
皆伐　137
ガイヤー　137
科学　2
科学革命　1
可給態リン酸　58
拡大係数　79
攪乱　94
重ね合わせ　145
風向　28
カシノナガキクイムシ　133
加水酸度　58
火成岩　35
河川水質　11
下層間伐　105
過疎化　22, 129, 135
課題意識　88
渇水緩和機能　83
カテナ　40
花粉堆積量　99
花粉ダイヤグラム　97
花粉分析　97
花粉分析法　96

環境教育　23
環境形成作用　6
環境作用　5
環境整備　162
環境保全機能　17, 19, 117
環境林　132
カンジキ　159
冠雪害　108
間接法　68
観測データ　19
間伐　105, 133
寒冷指数　30

気温　28
　――の減率　31
聴き取り調査　89
気候変動　18
記号放逐法　99
技術職員　154
気象　50
気象緩和　18
気象データベース　51
気象要素　27
基底流出　110
基盤岩　82
ギャップ　63
ギャップ層　63
球果・種子昆虫　70
吸汁（収）性昆虫　70
胸高断面積（BA）　91
胸高断面積合計　61
胸高直径　60, 86
極相種　61
極相林　140
霧　81
菌根・菌糸　57

杭打ち法　59
空間分布パターン　63
空中写真　32, 45, 131
凹地堆積物　96
クマ剥ぎ　102
クラスト　114

166　　　　　　　　　　　　　　索　　　引

グリーンウォーター　150
グループ学習　156
クロスカントリースキー　160
群集　41
群集動態　12, 14
群団　41

景観　157, 158
景観形成　158
経済的被害　101
形態学的特徴　68
原植生　41
減水係数　110
原生林　154
建設層　63
現存植生　41
原体験　156
顕熱　121
堅密度　56

公益的機能　18, 141
交換性塩基　58
航空機センサ　47
孔隙　56
光合成有効光量子フラックス密度
　　（PPFD）　53
光合成有効放射（PAR）　53
光子数　53
更新動態　91
洪水緩和機能　83
降水量　28, 109
降雪観測　81
行動圏　70
荒廃地　115
高木種　104
古環境　15
国土基本図　34
国有林野土壌図　40
古生態　15
古生態学　95
個体群動態　14
個体識別　60, 69
個体数推定　123
個体数調査　125
個体数調査法　67
コッタ　136
コモンズ　132
根系　56
コンダクタンス　121
コンパートメントモデル　111

さ　行

サイエンス　2
再循環経路　87
サイズ構造　61
材積表　79
材積平分法　135
最多密度曲線　106
採土円筒　58
ササ　66
里山　132, 140
里山フィールド演習　160
里山林　22
寒さの指数　30
酸性化　8
酸性沈着　8
山村社会　129
酸中和　10
サンプリング法　71

ジェネット　75
時空間スケール　12
時系列地図　145
時系列的変化　143
資源量　131
試孔　54
子実体　74
枝条・新梢昆虫　70
自然科学　2
自然観察　158
自然枯死（間引）線　106
自然循環系　3
自然生態系　2
「自然に帰れ」　137
下刈り　105
実験　4
実験科学　1
実習　4
実測レンジ長　100
質問項目　89
自動撮影装置　67
シードトラップ　65
地元産業　159
社会科学　2, 88
遮断蒸発　111
収量比数（Ry）　107
樹冠遮断量　82
樹冠通過雨量　82, 111
樹幹流　9, 82
樹幹流下量　111
縮流堰　81

樹型級　105
樹高　103
種構成　60
種子散布パターン　66
種子生産量　65
樹種の反射特性　47
樹種モザイク　145
種多様性　13
種多様度　92
樹皮剝ぎ　102
樹木の生残　13
樹齢　92
循環型社会　150
順応的管理　139
純放射量　120
照査法　137, 139
蒸散　111
上層間伐　105
小地形　32
蒸発散量　109
蒸発水量　82
小面積分散皆伐　147
食根性昆虫　70
植生　14
植生図　41
植生遷移　91, 140
植生地理帯　6
植物群落　41
植物相　158
食葉性昆虫　70
植林　143
除伐　105
人工衛星　47
人工林　132
　　——の管理放棄　83
薪炭林　22, 140
森林
　　——の教育力　162
　　——の構造　60
　　——の焼失　21
　　——の動態　60
森林環境　5
森林環境教育　22, 161
森林管理　149
森林基本図　34, 131
森林空間配置　143
森林計画図　26, 144
森林原則声明　138
森林荒廃　150
森林施業計画　27
森林資源　128

森林資源代替物　150
森林生態系　54, 149
森林生態圏　149
森林ゾーニング　140
森林帯　29
　　──の推移　31
森林踏査　160
森林動態　95
森林土壌　17
森林-土壌-水の相互システム　7, 17
森林破壊　129
森林被害　101
森林フィールド　2
森林分布　30
森林簿　25, 131, 144
森林モザイク　141
森林モデル　19

水源涵養機能　83, 114
水源涵養保安林　149
水高　109
水質浄化機能　83
水湿状態　55
水蒸気変動計　82
垂直分布　31
水平分布　31
水理学　115
数値地質図　37
スギカミキリ　124
スギドクガ　125
スノーシュー　160

生活様式　129
生産構造　78
政治生態学　22
成熟層　63
生息密度　67
生態遺伝　15
生態圏　151
成帯性土壌　38
生態的安定　151
成帯内性土壌　38
成長錐　61
成長量変化率　94
生物学的被害　101
生物相互作用　7
生物多様性　114
　　──の保全　138
生物地球化学　9
生理生態　14
世界気象機関（WMO）　51
赤外線センサー　67

積算温度　29
積雪　28
石礫　56
石基　36
ゼロエミッション　153
遷移　91
遷移度　95
先行型保護策　139
先行研究　88
穿孔性昆虫　70
線香林　133
潜在自然植生　41
全短波放射フラックス密度　52
潜熱　82, 121
選木　154
全量刈取法　78

相観　41
早期警戒システム　70
相互作用系　5
相対成長関係　79
相対成長法　79
層別刈取法　78

た　行

大学演習林　10
大気沈着　8
代償植生　41
堆積岩　36
堆積速度　99
堆積物　96
堆積様式　57
大面積皆伐　147
対面リモートセンシング　45
択伐　154
多型性　65
炭化片　96
暖地性積雪地域　159
短波放射　120

地位　105
地域雨量観測所　27
地域環境保全機能　18
地域気象観測　50
地域気象観測システム　27
地域気象観測所　27
地域規模　18
地域資源　158
置換酸度　58
地球規模　18
地球サミット　138

地況　25
地形図　31
地形分類　32
治山治水　149
地質図　35
地上気象観測　50
窒素固定菌　76
窒素沈着　11
窒素飽和　11
チャンバー法　77
虫えい昆虫　70
中間温帯　31
虫糞　86
超音波風速温度計　82
超苦鉄質岩　37
鳥獣保護及び狩猟の適正化に関する
　　法律　67
長波放射　120
直接法　68
貯留水量　83
貯留量　109
地理情報システム　43, 139, 144

通気性　58
ツキノワグマ　102
土色　55
積み上げ法　85
つる切り　105

定性間伐　105
定量間伐　105
適応的管理　139
データ公開　21, 153
データベース　16
テレメトリ法　69
転倒ます雨量計　80
転倒ます量水計　81
天然更新　137
天然生林　103
天然林施業　154
電波発信機　69

等温純放射　123
等高線　32
等収量比数曲線　106
動植物相互作用系　15
透水性　58, 82
動態　91, 158
動的平衡　12
動的平衡状態　148
動物相　67
等平均樹高曲線　106

等平均直径曲線　106
当量濃度　112
同齢単純林　137, 141
土質力学　115
土砂堆積量測定法　59
土砂崩壊防備保安林　149
土砂流出防備保安林　149
土壌　10
土壌亜群　39
土壌型　39
土壌貫入計　59
土壌群　39
土壌構造　56
土壌呼吸　7
土壌酸性化　11
土壌-植物-大気連続モデル（SPACモデル）　19
土壌侵食　59
土壌図　37
土壌水　10
土壌生成因子　38, 54
土壌生成作用　54
土壌断面　54
土壌反応　58
土壌保全　114
土性　56
土地分類調査結果　40
土地利用モザイク図　145
トレンチ　82

な　行

二酸化炭素濃度　7
二次性昆虫　70
二次林化　99
日射　52, 120
日照時間　28
ニホンカモシカ　102
ニホンジカ　102

熱収支式　120
年間花粉堆積量　99
年代測定値　99
年輪幅　93
年輪幅指数　94

農家調査　89
農山村社会経済　128

は　行

ハイエトグラフ　109

パイオニア種　61
バイオマス　13, 77, 84
ハイドログラフ　109
ハイドロシークエンス　40
ハイパー　49
はげ山　19, 149
パーシャルフリューム　81
ハタネズミ　100
伐採　143
伐倒調査　86
ハビタット　64
パラダイムシフト　151
ハルティッヒ　135
斑状組織　36
繁殖生態　14
バンドトラップ法　124
反モザイク化　142

ビオレイ　137
被害許容水準　72
被害調査　125
微気象観測　52
非固結堆積物　36
飛砂　114
被食葉量　72
被食量　85
ヒメネズミ　99
病原菌　75
標高　31

フィールド科学教育　157
フィールド教育　160
フィールド研究　1
フィールドサイエンス　1, 149
フィールド調査　132
フィールドワーク　155
風速　28
富栄養化　8
フェノロジー　103
俯瞰法　67
腐朽菌　74
複合現象　2
腐植　55
物質循環　11
不透水層　82
ブナ林　99
冬山実習　160
フラックス　111
フラックス法　85
プロアクティブアプローチ　139
文化生態学　21
分期　135

文献・資料調査　90
分光特性　52
分布相関　63
糞粒　71, 125

平均肥大成長量　94
平均木法　79
平衡安定状態　17
変成岩　36

放射乾燥度　6
法正林　136
法正林思想　136
防風林　130
捕獲-再捕獲法　72
保健休養　114
母材　35, 84
保水性　58, 82
北方系森林　158
北方針広混交林帯　154
ホームガーデン　130
本調査　89

ま　行

マイクロサテライトマーカー　66
毎木調査　86, 107, 118
マーキング法　68
マスムーブメント　37
松くい虫　133
マツ材線虫病　73, 126, 133
マツノザイセンチュウ　73, 126, 133
マツノマダラカミキリ　73, 126

実生の消長　65
水収支　80
水収支式　108
水循環モデル　19
水・熱・物質循環　3
水・物質循環　157
水・物質循環系　15
密度効果　7, 106
緑の革命　150
緑のダム機能　83
民有林野適地適木調査土壌図　40

無機化　77
無機成分　57
虫こぶ　123
ムラの暮らし　23

メタ個体群　101

面積平分法　136

木材自給率　134
木材消費量　128
木材腐朽菌　76
モザイク化　142
モニタリング　153
モル当量濃度　112
モントリオールプロセス　138

や　行

野外科学　1
野外講義　4
野外シンポジウム　155
野外操作実験　65
屋敷林　130
ヤチネズミ　100
山元立木価格　134

有機物層　55
優勢木　105
優占種　31, 41, 61
優占度　13, 91
遊離酸化鉄　55

要素還元的手法　2
予定調和論　84
予備調査　89

ら　行

ライダー　49
裸地　115

陸域生態圏モデル　19
リター　38
立地　14
立地環境　54
リモートセンシング　44

流域循環系　151
流域生態圏　149
流域生態圏管理　149
流出水量　81
流体力学　115
流入水量　80
流木　115
流量　109
量水堰　81, 87
緑化　115

林家調査　89
林冠　9
林冠ギャップ　100
林況　25
林業経済研究　88
林況調査　154
林相　142
林内雨　9
林班沿革簿　26
林分　142
林分区画線　145
林分構造　158
林分施業法　154
林分密度管理図　106
林齢モザイク　145

齢構造　61
歴史生態学　22
劣勢木　106
連続体　3

労働力調査　89
露場　51

森林フィールドサイエンス

2006年4月20日　初版第1刷

定価はカバーに表示

編　集　全国大学演習林協議会

発行者　朝　倉　邦　造

発行所　株式会社　朝　倉　書　店

東京都新宿区新小川町6-29
郵便番号　162-8707
電　話　03 (3260) 0141
FAX　03 (3260) 0180
http://www.asakura.co.jp

〈検印省略〉

© 2006〈無断複写・転載を禁ず〉

教文堂・渡辺製本

ISBN 4-254-47041-X　C 3061

Printed in Japan

北大 中村太士・北大 小池孝良編著	森林のもつ様々な機能を2ないし4ページの見開き形式でわかりやすくまとめた。〔内容〕森林生態系とは／生産機能／分布形態・構造／動態／食物（栄養）網／環境と環境指標／役割（バイオマス利用）／管理と利用／流域と景観
森 林 の 科 学 47038-X C3061　　B5判 240頁 本体4300円	
日大 木平勇吉編著	日本の森林を保全するのにはどうあるべきか，単なる実務マニュアルでなく，論理性と先見性を重視し，新しい観点から体系的に記述した教科書。〔内容〕森林計画学の構造／森林計画を構成するシステム／森林計画のための技術
森 林 計 画 学 47034-7 C3061　　A5判 240頁 本体4000円	
日大 鈴木和夫編著	森林危害の因子の多くは生態的要因と密接にからむという観点から地球規模で解説した決定版。樹木医を目指す人たちの入門書としても最適。〔内容〕総説／生物の多様性の場としての森林／森林の活力と健全性／森林保護各論／森林の価値
森 林 保 護 学 47036-3 C3061　　A5判 304頁 本体5200円	
前名大 只木良也著	森林の環境への効用と，環境が森林に与える影響の相互関係を強調し，環境科学の核となりうる森林を考える。自然保護のあり方も述べた。〔内容〕序論／環境と森林／森林が生み出す環境／森林，物質資源と環境資源／人間の利用と自然の変遷
森 林 環 境 科 学 47025-8 C3061　　A5判 176頁 本体3900円	
小林洋司・小野耕平・山崎忠久・峰松浩彦・山本仁志・鈴木保志・酒井秀夫・田坂聡明著	環境資源としても重要な森林の維持・整備，橋梁や架線の設計などを豊富な図を用いて解説。学生や技術者の入門書として最適の教科書。〔内容〕序論／林道の計画／幾何構造／設計／施工／路体構造／路体保持／橋梁／林業用架線／付．林道規程
森 林 土 木 学 47032-0 C3061　　A5判 176頁 本体3800円	
京大 二井一禎・名大 肘井直樹編著	微生物と植物或いは昆虫・線虫等の動物との興味深い相互関係を研究結果を基に体系化した初の成書。〔内容〕森林微生物に関する研究の歴史／微生物が関与する森林の栄養連鎖／微生物を利用した森林生物の繁殖戦略／微生物が動かす森林生態系
森 林 微 生 物 生 態 学 47031-2 C3061　　A5判 336頁 本体6400円	
前日大 塚本良則著	〔内容〕日本の山地／土壌形成・崩壊・地形変形プロセス／0次谷流域の地形と水文侵食現象／流域地形の構造と相似性／山地の流域地形／森林・水・土壌の保全と土砂災害／森林と表層崩壊／水循環／森林機能の活用／土砂災害回避システム
森 林・水・土 の 保 全 ―湿潤変動帯の水文地形学― 47027-4 C3061　　B5判 152頁 本体5500円	
日大 木平勇吉編	森林の破壊を防ぎ，修復し，その多様な機能を高めるために今求められる"市民参加と合意形成"を主題にした本邦初の書。〔内容〕市民参加はなぜ必要か／市民参加による森林環境保全の海外事例／日本での市民参加の事例／合意形成への提言
森 林 環 境 保 全 マ ニ ュ ア ル 47026-6 C3061　　A5判 196頁 本体4200円	
北大 小池孝良編著	樹木の生理生態についてわかりやすく解説。環境とからめ森林の修復まで。〔内容〕森林の保全生態／地域変異と生活環の制御／樹冠樹の共存機構／光合成作用／呼吸作用／光合成産物の分配／水環境への応答／窒素動態と代謝／生態系修復
樹 木 生 理 生 態 学 47037-1 C3061　　A5判 280頁 本体4800円	
日大 鈴木和夫編著	環境保全の立場からニーズが増している"樹木医"のための標準的教科書。〔内容〕森林・樹木の生い立ち／世界的樹木の流行病／樹木の形態と機能／樹木の生育環境／樹木医学の基礎（樹木の虫害，樹木の外科手術，他）／病害虫の管理とその保全
樹 木 医 学 47028-2 C3061　　A5判 336頁 本体6800円	
日大 鈴木和夫・東大 井上 真・森林総研 桜井尚武・筑波大 富田文一郎・総合地球環境研 中静 透編	森林は人間にとって，また地球環境保全の面からもその存在価値がますます見直されている。本書は森林の多様な側面をグローバルな視点から総合的にとらえ，コンパクトに網羅した21世紀の森林百科である。森林にかかわる専門家はもとより文学，経済学などさまざまな領域で森の果たす役割について学問的かつ実用的な情報が盛り込まれている。〔内容〕森林とは／森林と人間／森林・樹木の構造と機能／森林資源／森林の管理／森を巡る文化と社会／21世紀の森林―森林と人間
森 林 の 百 科 47033-9 C3561　　A5判 756頁 本体23000円	

上記価格（税別）は2006年3月現在